ENGENHARIA DE MANUTENÇÃO

Revisão técnica:

André Shataloff
Graduado em Engenharia Industrial Mecânica
Especialista em Engenharia de Segurança do Trabalho
MBA em Gestão da Aprendizagem
Mestre em Engenharia Civil e Ambiental

G818e Gregório, Gabriela Fonseca Parreira.
Engenharia de manutenção / Gabriela Fonseca Parreira Gregório, Danielle Freitas Santos, Auricélio Barros Prata; [revisão técnica : André Shataloff]. – Porto Alegre: SAGAH, 2018.

ISBN 978-85-9502-548-6

1. Engenharia da produção. I. Santos, Danielle Freitas. II. Prata, Auricélio Barros. III. Título.

CDU 62-7

Catalogação na publicação: Karin Lorien Menoncin CRB -10/2147

ENGENHARIA DE MANUTENÇÃO

Gabriela Fonseca Parreira Gregório
Graduada em Engenharia de Produção
Mestre em Engenharia de Produção

Danielle Freitas Santos
Bacharel em Administração e em Engenharia de Produção
Mestre em Engenharia de Produção

Auricélio Barros Prata
Graduado em Engenharia Mecânica
Especialista em Engenharia de Produção
Mestre em Logística e Pesquisa Operacional

Porto Alegre
2018

© SAGAH EDUCAÇÃO S.A., 2018

Gerente editorial: *Arysinha Affonso*

Colaboraram nesta edição:
Editora responsável: *Carolina R. Ourique*
Assistente editorial: *Cecília J. Eger*
Preparação de original: *Marina Leivas Waquil*
Capa: *Paola Manica | Brand&Book*
Editoração: *Kaéle Finalizando Ideias*

> **Importante**
> Os links para sites da Web fornecidos neste livro foram todos testados, e seu funcionamento foi comprovado no momento da publicação do material. No entanto, a rede é extremamente dinâmica; suas páginas estão constantemente mudando de local e conteúdo. Assim, os editores declaram não ter qualquer responsabilidade sobre qualidade, precisão ou integralidade das informações referidas em tais links.

Reservados todos os direitos de publicação à
SAGAH EDUCAÇÃO S.A., uma empresa do GRUPO A EDUCAÇÃO S.A.

Rua Ernesto Alves, 150 – Bairro Floresta
90220-190 – Porto Alegre – RS
Fone: (51) 3027-7000

SAC 0800 703-3444 – www.grupoa.com.br

É proibida a duplicação ou reprodução deste volume, no todo ou em parte, sob quaisquer formas ou por quaisquer meios (eletrônico, mecânico, gravação, fotocópia, distribuição na Web e outros), sem permissão expressa da Editora.

IMPRESSO NO BRASIL
PRINTED IN BRAZIL

APRESENTAÇÃO

A recente evolução das tecnologias digitais e a consolidação da internet modificaram tanto as relações na sociedade quanto as noções de espaço e tempo. Se antes levávamos dias ou até semanas para saber de acontecimentos e eventos distantes, hoje temos a informação de maneira quase instantânea. Essa realidade possibilita a ampliação do conhecimento. No entanto, é necessário pensar cada vez mais em formas de aproximar os estudantes de conteúdos relevantes e de qualidade. Assim, para atender às necessidades tanto dos alunos de graduação quanto das instituições de ensino, desenvolvemos livros que buscam essa aproximação por meio de uma linguagem dialógica e de uma abordagem didática e funcional, e que apresentam os principais conceitos dos temas propostos em cada capítulo de maneira simples e concisa.

Nestes livros, foram desenvolvidas seções de discussão para reflexão, de maneira a complementar o aprendizado do aluno, além de exemplos e dicas que facilitam o entendimento sobre o tema a ser estudado.

Ao iniciar um capítulo, você, leitor, será apresentado aos objetivos de aprendizagem e às habilidades a serem desenvolvidas no capítulo, seguidos da introdução e dos conceitos básicos para que você possa dar continuidade à leitura.

Ao longo do livro, você vai encontrar hipertextos que lhe auxiliarão no processo de compreensão do tema. Esses hipertextos estão classificados como:

Saiba mais

Traz dicas e informações extras sobre o assunto tratado na seção.

Fique atento

Alerta sobre alguma informação não explicitada no texto ou acrescenta dados sobre determinado assunto.

Exemplo

Mostra um exemplo sobre o tema estudado, para que você possa compreendê-lo de maneira mais eficaz.

Link

Indica, por meio de *links*, informações complementares que você encontra na Web.

https://sagah.com.br/

Todas essas facilidades vão contribuir para um ambiente de aprendizagem dinâmico e produtivo, conectando alunos e professores no processo do conhecimento.

Bons estudos!

PREFÁCIO

A manutenção começou a ser assim chamada por volta do século XVI, na Europa central, quando do surgimento do relógio mecânico e dos respectivos técnicos em montagem e assistência. A Revolução Industrial, no final do século XIX, fez crescer sua necessidade. A Segunda Guerra Mundial e a suas devastadoras consequências, muito especialmente para a Europa e o Japão, tornaram a engenharia de manutenção processo indispensável à economia industrial.

Mais recentemente, a globalização, o avanço da microeletrônica, a intensa concorrência, a exigência de qualidade de produtos e serviços e os prazos de entrega cada vez mais reduzidos fizeram as empresas perceberem a importância de prevenir falhas de máquinas e equipamentos. Os dados informados pela Associação Brasileira de Manutenção (ABRAMAN), relativos ao ano de 2009, revelam um investimento em manutenção, por parte da indústria, de valores que chegam a 4,14% do nosso PIB.

Diante desse cenário, fica evidente a necessidade crescente de contar com profissionais habilitados a exercer funções relacionadas a diversos aspectos dessa atividade: desde a organização da manutenção até a estimativa de custos, passando pela prevenção e pela análise de falhas, bem como programas de renovação de equipamentos, de qualificação técnica de profissionais e identificação de riscos associados à manutenção. As empresas realmente competitivas precisam desenvolver bons planos de manutenção, coordenando políticas com o objetivo de uma melhor utilização do tempo e dos recursos disponíveis.

SUMÁRIO

Unidade 1

Organização, planejamento e controle da manutenção 11
Gabriela Fonseca Parreira Gregório
Conceitos, termos e definições de manutenção industrial 12
Modelos de organização da manutenção 16
Responsabilidades da manutenção 23

Manutenção classe mundial: práticas de manutenção moderna 31
Gabriela Fonseca Parreira Gregório
Relação entre gestão da qualidade e manutenção para alcançar a manutenção
classe mundial 32
Características das manutenções planejadas e não planejadas 35
Indicadores de políticas de manutenção e programas de treinamento 38

Planejamento e controle da manutenção 49
Gabriela Fonseca Parreira Gregório
Principais mecanismos de controle e indicadores de custo de manutenção 50
Etapas de implantação da manutenção preventiva 56
Etapas de implantação da manutenção preditiva 59

**Manutenção centrada em confiabilidade (MCC)
e mantenabilidade** 65
Gabriela Fonseca Parreira Gregório
Componentes de um programa de manutenção centrada
na confiabilidade (MCC) e os princípios utilizados 66
Etapas para análise pela MCC e implicações na mudança de princípios e filosofias
nos sistemas de manutenção 72
Mantenabilidade, suas características e o ciclo de vida de um sistema 75

Unidade 2

Manutenção de equipamentos e instalações 83
Gabriela Fonseca Parreira Gregório
Plano de manutenção de equipamentos e instalações 84
Manutenção detectiva e suas diferenças em relação à preditiva e preventiva 87
Custo na manutenção e importância da manutenção nos equipamentos
de medição 92

Manutenção preventiva e manutenção preditiva: mecânica 103
Auricélio Barros Prata
Manutenção preventiva e preditiva 104
Equipamentos para a manutenção preditiva e preventiva mecânica 108
Investigando o estado das peças 111

Manutenção preventiva e manutenção preditiva: elétrica e eletrônica 117
Gabriela Fonseca Parreira Gregório
Manutenções preventiva e preditiva elétrica e eletrônica: principais conceitos 118
Equipamentos utilizados na execução da manutenção preventiva
   e preditiva elétrica e eletrônica 121
Métodos de investigação de falhas em equipamentos elétricos e eletrônicos 124

Unidade 3

Lubrificação 133
Danielle Freitas Santos
Lubrificação: conceitos principais 133
Controle e manutenção de lubrificantes 139
Planejamento de lubrificação 145

Unidade 4

Sistemas produtivos 151
Danielle Freitas Santos
Projeto e planejamento de sistemas produtivos 151
Planejamento dos recursos de produção 159
Disponibilidade dos sistemas de produção 166

Manutenção Produtiva Total 175
Danielle Freitas Santos
Manutenção Produtiva Total 175
Pilares da TPM 181
Manutenção Produtiva Total para além dos sistemas produtivos 187

UNIDADE 1

Organização, planejamento e controle da manutenção

Objetivos de aprendizagem

Ao final deste texto, você deve apresentar os seguintes aprendizados:

- Reconhecer os conceitos de manutenção industrial, principais termos e definições.
- Identificar os modelos de organização da manutenção: centralizada; descentralizada; híbrida; terceirizada.
- Descrever as responsabilidades da manutenção.

Introdução

A manutenção industrial ganhou destaque nas organizações, sobretudo após a Segunda Guerra Mundial, diante do aumento da complexidade dos equipamentos, dos avanços tecnológicos, das exigências do mercado por produtos sem defeitos, das alterações nos sistemas de produção, dentre outros fatores. Com base nisso, o desenvolvimento de novas técnicas de trabalhos e novos instrumentos e mecanismos de gestão têm sido preocupação frequente nas indústrias, que perceberam que os resultados organizacionais dependem, também, do desempenho do setor de manutenção.

A organização e o planejamento da manutenção, por meio da reflexão e da decisão sobre o que fazer, quando fazer, quem deve fazer, como fazer, onde fazer, etc., substituíram as práticas de trabalho empíricas em muitas indústrias. Controlar as ações de manutenção também ganhou destaque, pois contribuiu para avaliar a efetividade das ações planejadas e realizadas ao apresentar os pontos críticos, nos quais mudanças mostram-se necessárias, e os pontos não críticos, mas passíveis de melhoria contínua.

Neste capítulo, então, você compreenderá os principais conceitos, termos e definições relacionados à manutenção industrial e aprenderá formas de estruturar os recursos para realização das atribuições da manutenção.

Conceitos, termos e definições de manutenção industrial

Manutenção pode ser definida como um conjunto de ações técnicas e administrativas com o objetivo de manter ou recolocar um item em um estado no qual possa desempenhar uma função requerida. A função requerida de um item é o conjunto de funções necessárias à realização de determinada ação (ASSOCIAÇÃO..., 1994). Desempenhar uma função exigida significa eliminar falhas e/ou defeitos de determinados componentes, subsistemas e sistemas.

Segundo Slack et al. (2007), **manutenção** é um termo utilizado para definir a forma como as empresas cuidam de suas instalações físicas ao tentar evitar falhas, considerando as consequências dessas para o sistema. A manutenção pode ser feita no campo, ou seja, efetuada no local onde o item é utilizado, pode ser fora do local de utilização do item ou, ainda, remota, sem acesso direto do pessoal ao item (ASSOCIAÇÃO..., 1994).

As indústrias combinam três estratégias básicas de manutenção para cuidar de suas instalações, sendo elas: manutenção corretiva, preventiva e preditiva. No entanto, para a compreensão dessas abordagens, é necessário, antes, diferenciar um defeito de uma falha.

Falha, defeito, pane e tipos de manutenção

De acordo com a NBR 5462 (ASSOCIAÇÃO..., 1994), **falha** é um evento que faz com que o equipamento não tenha a capacidade de desempenhar as funções preestabelecidas, enquanto **defeito** representa uma irregularidade de uma característica de um componente em relação aos seus requisitos. Assim, a falha impede o funcionamento do equipamento; já o defeito impede o desempenho de sua função normal ou, pelo menos, o desempenho de forma satisfatória. Ainda segundo a norma, pane é um estado de um item assinalado pela incapacidade de cumprir uma função requerida.

As falhas, as panes e os defeitos podem ser críticos ou não críticos. A causa de uma falha ou defeito pode estar relacionada ao projeto, à fabricação ou ao uso do item. O conjunto de processos (físicos e/ou químicos) que conduzem a uma falha são reconhecidos como mecanismo de falha (ASSOCIAÇÃO..., 1994).

Esclarecida a diferença entre falha e defeito, fica mais fácil compreender os tipos de manutenção existentes, conforme ilustrado na Figura 1.

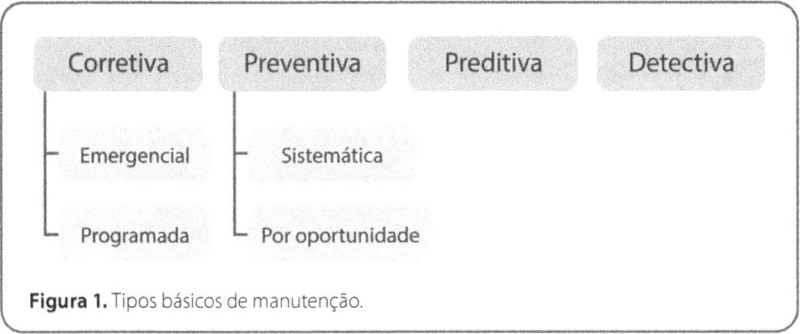

Figura 1. Tipos básicos de manutenção.

A manutenção corretiva refere-se à realização das ações de reparo apenas após a falha do equipamento. Ela pode ser emergencial, quando realizada imediatamente após a falha, ou programada, quando se planeja a ação para um momento posterior à mesma.

A manutenção preventiva é a realização do reparo ou troca antes da falha, mas pode ser após um defeito. Pode ser sistemática, muitas vezes baseada em intervalos de tempo pré-definidos, ou por oportunidade, ao aproveitar determinadas condições operacionais do equipamento para a realização da manutenção.

Entende-se como manutenção preditiva o monitoramento de um ou mais parâmetros de um item com o objetivo de realizar as ações necessárias antes que a falha aconteça – também é conhecida como manutenção baseada na condição. É possível que alguns parâmetros sejam monitorados pelo próprio operador do equipamento por meio de sua experiência. Outros parâmetros devem ser monitorados pela equipe de manutenção em função de necessitarem de conhecimentos e/ou instrumentos específicos.

Algumas atividades de manutenção frequentes são denominadas manutenções de rotina, como as inspeções, as lubrificações e os ajustes – trata-se de ações preventivas para evitar falhas.

A corresponsabilização de todos na empresa por algumas ações de manutenção e pela operação adequada dos equipamentos é conhecida como manutenção autônoma. Essa filosofia de trabalho constitui um dos pilares da Manutenção Produtiva Total (MPT), que é um método de gerenciamento da manutenção realizado por todos os funcionários da organização a partir das ações de pequenos grupos (SLACK et al., 2007).

Por fim, a manutenção detectiva é a busca por falhas ocultas em sistemas de proteção dos processos industriais. Um exemplo desse tipo de manutenção é a busca por falhas em geradores de hospitais ou em válvulas de proteção na indústria.

Fique atento

A engenharia de manutenção consiste em identificar as causas básicas de determinada falha com o objetivo de eliminá-las. Significa deixar de ficar consertando, modificar situações de desempenho insatisfatório e de conviver com problemas crônicos ao modificar padrões e sistemáticas de trabalho. É fazer *benchmarks* e estar nivelado com as melhores práticas de manutenção. É uma mudança de cultura (PINTO; XAVIER, 2002).

Confiabilidade, disponibilidade e mantenabilidade

As empresas combinam diferentes estratégias em relação aos tipos de manutenção, com o objetivo de aumentar a confiabilidade e disponibilidade dos ativos e, consequentemente, do sistema de produção. Os ativos industriais físicos representam itens que têm valor real ou potencial para a empresa (ASSOCIAÇÃO..., 2014).

A manutenção deve preocupar-se com o ativo ao longo de todo o seu ciclo de vida, que é representado pelo período entre a identificação da necessidade do ativo até a desativação do mesmo ou o término de todas as responsabilidades posteriores (ASSOCIAÇÃO..., 2014).

A almejada confiabilidade refere-se à probabilidade de um sistema desempenhar suas funções quando requeridas em determinado período de tempo (LEEMIS, 1995 apud SAMPAIO; FERNANDES NETO, 2013). Já a disponibilidade refere-se ao percentual de tempo em que o equipamento encontra-se disponível para realizar as atividades exigidas.

Quanto maior o número de componentes, subsistemas e sistemas de um equipamento e quanto maior o número de interações e interdependências entre eles, mais complexas podem tornar-se as atividades de manutenção. As indústrias têm buscado, nos equipamentos, a facilidade de um item em receber manutenção considerando um custo pré-determinado, ou seja, aumentar a probabilidade de um item, após falhar, retornar às condições requeridas, conhecida como mantenabilidade (ASSOCIAÇÃO..., 1994).

Termos utilizados em manutenção

Alguns termos utilizados para designar indicadores de manutenção são avaliados de forma permanente pelas empresas e auxiliam na elaboração do plano de manutenção. A seguir, são apresentados as siglas, os termos e suas definições:

- **MTBF (Tempo Médio entre Falhas):** indica, em média, quando poderá ocorrer uma falha em determinado item. Responde a seguinte questão: em média, de quanto em quanto tempo este equipamento falha?
- **MTTR (Tempo Médio de Reparo):** indica, em média, quanto tempo o equipamento demora para ser reparado após uma falha. Responde a seguinte questão: em média, quanto tempo demora para reparar este equipamento após um episódio de falha?
- **Taxa de falhas:** indica o número médio de falhas do equipamento em determinado período de tempo. Responde a questão: em média, quantas falhas este equipamento apresenta a cada unidade de tempo?
- *Backlog*: representa a carga futura de trabalho da equipe de manutenção. Responde a seguinte questão: quanto tempo de trabalho a equipe de manutenção tem pela frente?

Técnicas e ferramentas

As ações de manutenção se baseiam, prioritariamente, em identificar falhas reais e potenciais com o objetivo de eliminá-las, o que pode ser feito por meio de algumas técnicas, ferramentas e metodologias, como as descritas a seguir:

- Análise de falhas: exame sistemático e lógico que busca analisar a probabilidade de causa ou consequência de uma falha (BRANCO FILHO, 2008).
- Árvore de manutenção: diagrama lógico que apresenta as diversas sequências de ações elementares de manutenção possíveis de serem executadas sobre um item, além das condições de seleção de cada alternativa (ASSOCIAÇÃO..., 1994).

- Análise de Modo e Efeito de Falhas (FMEA): ferramenta utilizada para identificar falhas, suas causas, consequências e estimar o risco de cada uma delas, com o objetivo de concentrar os esforços de manutenção.
- Análise de Modo, Efeito e Criticidade de Falhas (FMECA): ferramenta utilizada para identificar as falhas, consequências, estimar o risco e a criticidade do modo de falha.

Saiba mais

Para conhecer outros termos e conceitos relacionados à manutenção, consulte a NBR 5462 – 1994, disponibilizada pela Associação Brasileira de Normas Técnicas.

Modelos de organização da manutenção

Estruturar a organização da manutenção é definir como será a divisão das ações e dos recursos materiais e humanos para o alcance de determinados objetivos. Para definir o modelo mais adequado, é necessário estruturar a organização tanto do ponto de vista da dimensão espacial quanto do ponto de vista da hierarquia.

Do ponto de vista da dimensão especial, as perguntas que precisam ser respondidas são:

- Onde estarão alocados os recursos de manutenção?
- Onde serão realizadas as atividades de manutenção?

Do ponto de vista da hierarquia, as questões que precisam ser discutidas são:

- A quem a equipe de manutenção estará subordinada?
- Como serão as ligações entre os elementos de um grupo?

Não existe uma estrutura organizacional melhor, todas apresentam vantagens e desvantagens. Assim, um tipo de estrutura pode ser mais adequado de acordo com a estratégia da empresa.

Do ponto de vista da dimensão espacial

Do ponto de vista da dimensão espacial, os modelos de organização da manutenção são:

- estrutura centralizada;
- estrutura descentralizada;
- estrutura mista.

Na estrutura centralizada, todos os recursos necessários à realização das atividades de manutenção ficam alocados em uma oficina central e são utilizados para as atividades de manutenção em todas as unidades produtivas da empresa, conforme ilustrado na Figura 2.

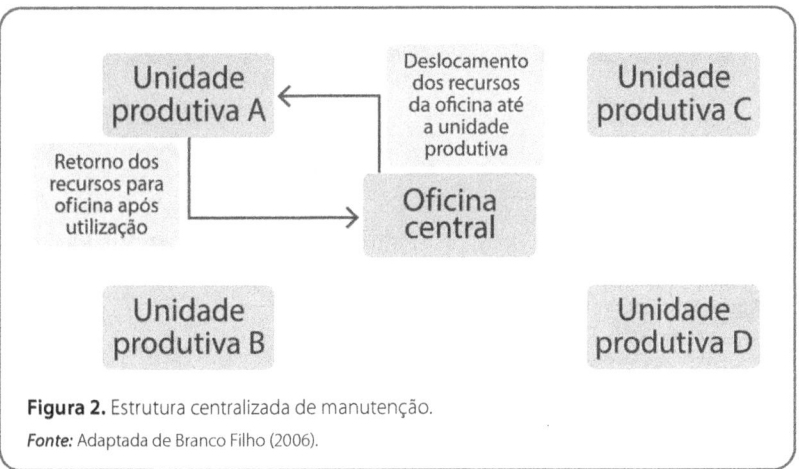

Figura 2. Estrutura centralizada de manutenção.
Fonte: Adaptada de Branco Filho (2006).

Quando necessário, os recursos de manutenção são deslocados até a unidade produtiva ou os itens da unidade produtiva são deslocados até a oficina central para a realização das atividades.

Esta estrutura apresenta como vantagens:

- equipe de manutenção mais enxuta;
- otimização da utilização dos recursos de manutenção;
- habilidade da equipe em lidar com problemas de todas as unidades produtivas;
- maior facilidade em contratar especialistas.

As desvantagens deste tipo de estrutura são:

- tempo de deslocamento dos recursos;
- supervisão dos trabalhos dificultada;
- tempo necessário para familiarização com todos os problemas das diversas unidades produtivas.

Na estrutura descentralizada, cada unidade produtiva tem seus próprios recursos de manutenção e estes não são compartilhados com outras unidades da empresa. Nesta estrutura, não existe a oficina central, conforme ilustrado na Figura 3.

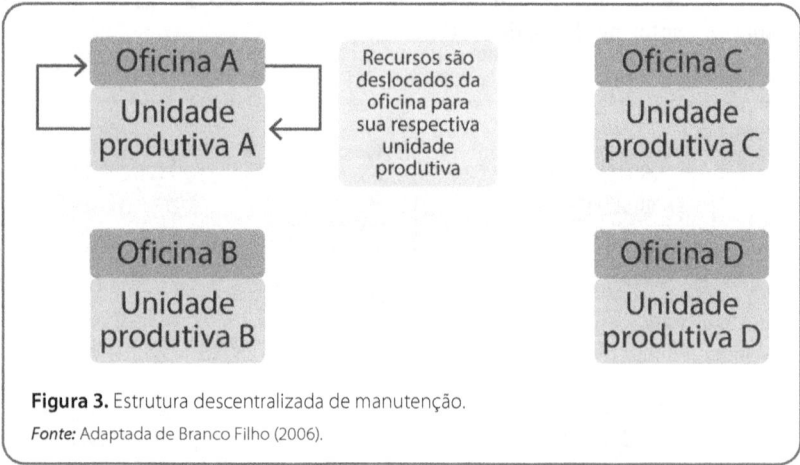

Figura 3. Estrutura descentralizada de manutenção.
Fonte: Adaptada de Branco Filho (2006).

Este tipo de estrutura é comum onde existe uma diversidade entre os itens de cada unidade produtiva. Além disso, os problemas de manutenção frequentes são de baixa complexidade.

As vantagens da estrutura descentralizada são:

- tempo mínimo de deslocamento dos recursos de manutenção;
- maior familiarização da equipe com os ativos da unidade produtiva;
- supervisão do trabalho facilitada.

As desvantagens desta estrutura são:

- equipe de manutenção mais robusta;
- mecanismos de gestão diferentes em unidades distintas;

- maior dificuldade para contratar especialistas;
- aquisição de equipamentos idênticos.

A combinação da estrutura centralizada com a descentralizada recebe o nome de estrutura mista. A Figura 4 representa esse tipo de estrutura.

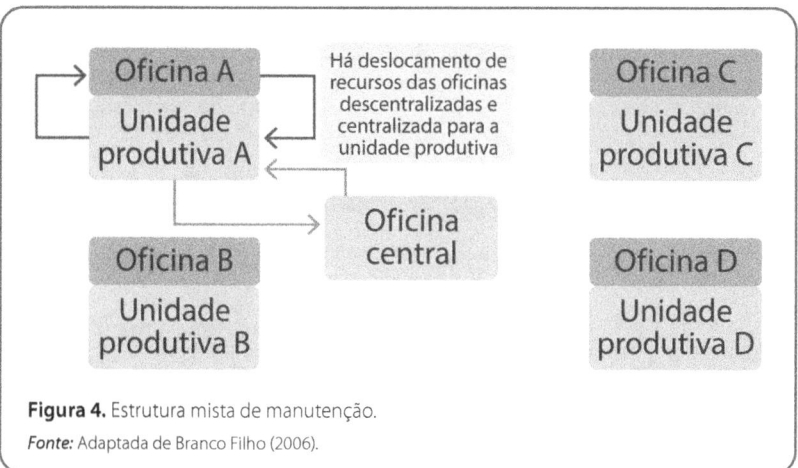

Figura 4. Estrutura mista de manutenção.
Fonte: Adaptada de Branco Filho (2006).

Na estrutura mista, as atividades e os recursos de manutenção são divididos entre oficinas centrais e as oficinas de cada unidade produtiva. Geralmente, nas oficinas centrais são realizados os trabalhos de maior complexidade, menos frequentes e comuns em unidades produtivas distintas. Já as oficinas de cada unidade produtiva são responsáveis pelos problemas específicos da unidade, de menor complexidade e mais frequentes.

A estrutura mista combina as vantagens e desvantagens das estruturas centralizadas e mista. A utilização dessa estrutura é uma tendência nas organizações de grande porte.

Do ponto de vista da hierarquia

Do ponto de vista da hierarquia, os modelos de organização da manutenção são:

- centralizada;
- descentralizada;
- mista.

Na estrutura centralizada, a equipe de manutenção é organizada por especialidade e é subordinada a um gestor de manutenção, confirme ilustrado na Figura 5.

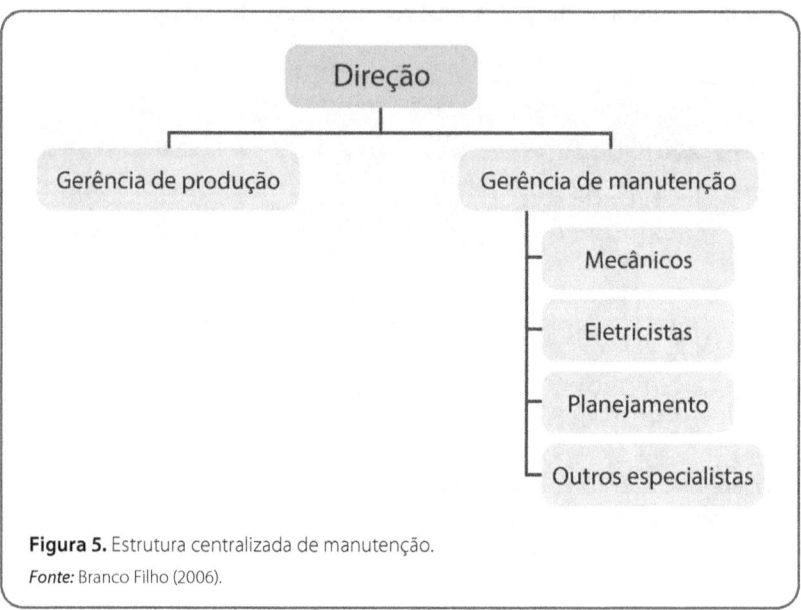

Figura 5. Estrutura centralizada de manutenção.
Fonte: Branco Filho (2006).

Nesta estrutura, o gestor de manutenção centraliza o processo de tomada de decisão e tem a mesma autonomia que o gestor da produção.

Na estrutura descentralizada, a equipe de manutenção é ligada à unidade produtiva na qual atua, sendo, muitas vezes, gerenciada por supervisores. É comum existir uma interação maior entre a produção e a manutenção. Esse tipo de estrutura está ilustrado na Figura 6.

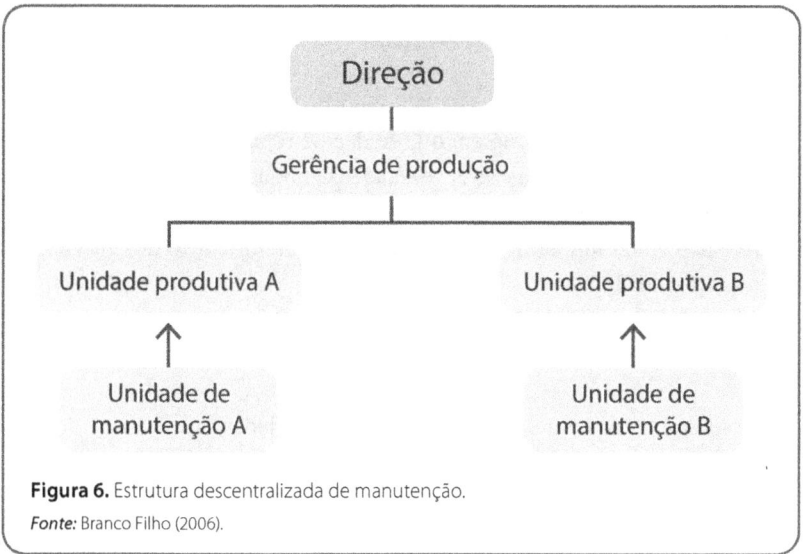

Figura 6. Estrutura descentralizada de manutenção.
Fonte: Branco Filho (2006).

Na estrutura mista, a equipe de manutenção atua por meio de times destinados a cada unidade produtiva e são subordinados a um gestor de manutenção, como ilustrado na Figura 7.

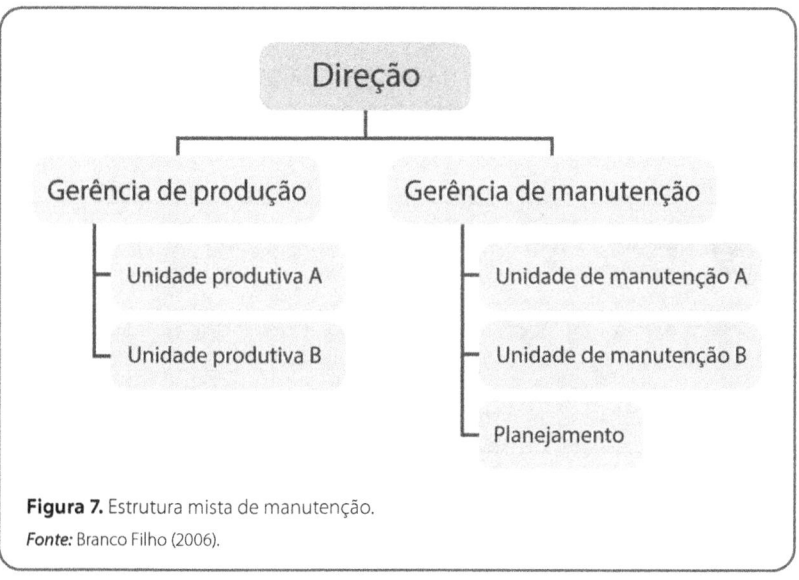

Figura 7. Estrutura mista de manutenção.
Fonte: Branco Filho (2006).

Terceirização da manutenção

A terceirização, segundo Giosa (1999 apud PAIVA; SOUZA, 2012, p. 796), "[...] é um processo de gestão em que se decide repassar algumas atividades para terceiros, e com os quais se deve estabelecer relações de parceria, devendo a empresa focar nas demais atividades de produção propriamente ditas". Tem-se percebido um aumento nos índices de terceirização dos serviços de manutenção no Brasil.

Segundo Roger (2011 apud TAVARES, 2014), as empresas terceirizam por quatro motivos:

- liberar a empresa para cuidar de suas atividades principais;
- obter especialização (tecnologia);
- melhorar a qualidade dos serviços;
- reduzir custos operacionais.

Em manutenção, algumas empresas terceirizam:

- serviços de alta complexidade de conhecimento específico de especialistas;
- serviços que demandam alta avançada;
- serviços esporádicos.

Algumas empresas adotam um modelo híbrido ao terceirizar parte do processo de manutenção e internalizar outras atividades.

Link

Terceirizar é sempre uma boa opção? No link a seguir, você identificará casos de algumas empresas que, após terceirizar, voltaram atrás em sua escolha.

https://goo.gl/jNUkSg

Responsabilidades da manutenção

A manutenção passou por transformações a partir de 1930 e, consequentemente, suas responsabilidades sofreram alterações. Na primeira geração, a manutenção era basicamente corretiva, uma vez que os equipamentos eram de baixa complexidade e superdimensionados. A segunda geração foi marcada por manutenções preventivas, pois começou a se processar a visão de disponibilidade e confiabilidade. A terceira geração reforçou a necessidade de manutenção preditiva devido à maior automatização dos processos e à tendência mundial de utilização do *just-in-time* (PINTO; XAVIER, 2002). Já passamos pela quarta geração, que atuou em projetos voltados para manutenibilidade e aumento das manutenções preditivas, e estamos na quinta geração da manutenção, que busca gerenciar ativos e otimizar seu ciclo de vida.

As responsabilidades da manutenção dependem da visão e da estratégia da organização. Em algumas empresas, a manutenção tem um papel mais restrito, uma vez que a direção considera que o seu papel é apenas manter os ativos em funcionamento. Em outras, a manutenção assume uma função estratégica e existe, como todos os outros setores, para tornar a empresa mais competitiva.

A segunda visão parece ser mais adequada ao avaliarmos o impacto que a manutenção tem nos resultados organizacionais. Assim, considerando essa visão, a manutenção tem uma série de responsabilidades e atribuições.

As responsabilidades da manutenção podem ser divididas em quatro grandes grupos:

1. atribuições relacionadas ao planejamento;
2. atribuições relacionadas à organização;
3. atribuições relacionadas à execução;
4. atribuições relacionadas ao controle.

Todas as atribuições devem convergir para que a empresa atinja seus objetivos, zelando pelo meio ambiente e pelo bem-estar e segurança dos funcionários, clientes e sociedade.

A Figura 8 ilustra os quatro grandes grupos de atribuições.

Figura 8. Responsabilidades da manutenção.

Em relação ao planejamento, cabe à manutenção:

- definir o(s) tipo(s) de manutenção mais adequado(s) para cada equipamento;
- definir os procedimentos operacionais para a realização das trocas e dos reparos;
- identificar o momento mais adequado para a realização das atividades de manutenção;
- planejar as necessidades de aquisição de sobressalentes e outros recursos;
- definir prioridades;
- identificar os indicadores mais adequados para avaliar as ações de manutenção;
- planejar ações de melhoria contínua;
- planejar a integração das ações de manutenção com as de outros departamentos.

As funções relacionadas à organização são:

- garantir os recursos materiais e humanos necessários à realização das atividades.

As atribuições do grupo execução são:

- realizar reparos, trocas e restaurações dos itens;
- efetuar os monitoramentos de parâmetros dos ativos;
- acompanhar os equipamentos;
- executar treinamentos;
- manter a equipe motivada;
- acompanhar projetos e montagens das instalações;
- instalar equipamentos;
- realizar gestão do conhecimento;
- registrar boas práticas;
- atualizar os sistemas de gestão da manutenção.

Ao controlar, a manutenção deve:

- medir os indicadores;
- avaliar os indicadores.

Exemplo

Usa-se com frequência uma combinação de abordagens de manutenção. A seguir, veja um exemplo simples do uso de manutenção corretiva, preventiva e preditiva em um automóvel (Figura 9).

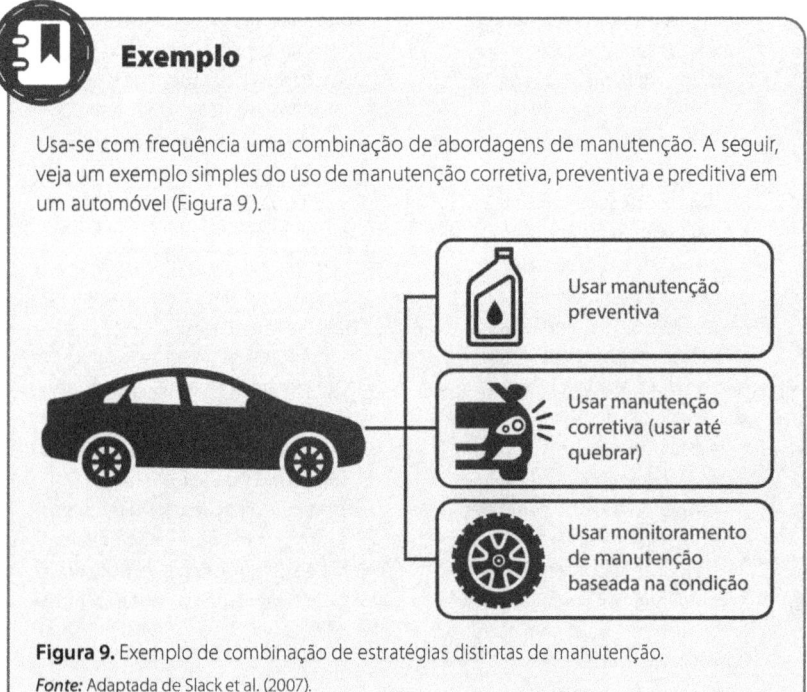

Figura 9. Exemplo de combinação de estratégias distintas de manutenção.
Fonte: Adaptada de Slack et al. (2007).

Exercícios

1. Do ponto de vista da dimensão espacial, existem três estruturas organizacionais de manutenção: centralizada, descentralizada e mista. Considerando a estrutura centralizada, assinale a alternativa correta:
   a) Nesta estrutura, o compartilhamento das melhores práticas de trabalho e de experiências entre a equipe de manutenção é dificultado pelo fato de que os profissionais de manutenção estão espalhados pelas unidades produtivas da indústria.
   b) Se comparada à estrutura mista, a estrutura centralizada apresenta como desvantagem a impossibilidade de compartilhar recursos entre as unidades produtivas.
   c) É muito comum o uso da estrutura centralizada em indústrias nas quais as atividades mais frequentes nas unidades produtivas são de baixa complexidade e, por isso, as demandas são atendidas por profissionais com formação técnica.
   d) A principal desvantagem desta estrutura, se comparada com a descentralizada, é o tempo de deslocamento da equipe que, dependendo da indústria, contribui para aumentar consideravelmente o tempo médio de reparo dos equipamentos.
   e) Esta estrutura é muito utilizada em empresas grandes do ponto de vista da dimensão espacial, visto que permite o compartilhamento de mão de obra entre as unidades produtivas.

2. As ações de manutenção podem ser divididas em corretivas, preventivas, preditivas e detectivas. Todos esses tipos apresentam vantagens e desvantagens. Dessa forma, cabe à empresa avaliar e adotar a(s) forma(s) mais adequada(s) aos objetivos organizacionais. Considerando o que foi exposto, responda:
   a) Avaliar a(s) consequência(s) da falha para a sociedade, o custo, a qualidade, a produção e o meio ambiente é um meio utilizado para definir o(s) tipo(s) de manutenção(ões) mais adequado(s) para cada classe de equipamentos; no entanto, não é utilizado pelas indústrias que atuam no setor metal-mecânico.
   b) Geralmente, o setor de manutenção determina a estratégia de adotar apenas um tipo de manutenção e aplica-o a todas as classes de equipamentos presentes na indústria.
   c) As combinações dos diferentes tipos de manutenções, definidas de acordo com o potencial grau de severidade da consequência

de uma falha, têm sido uma estratégia adotada por muitas indústrias na elaboração do plano de manutenção.
d) Adotar a estratégia preventiva de manutenção mostra-se a opção mais assertiva para a indústria, pois a melhor opção é sempre atuar antes da falha.
e) A opção por um tipo de manutenção é um opção estática, ou seja, uma vez definida, não deve ser alterada, independentemente das mudanças organizacionais.

3. Em relação aos tipos de manutenção, responda:
   a) Como a manutenção corretiva é realizada após uma falha e esta acontece de forma aleatória, nunca é possível planejar esse tipo de manutenção.
   b) A manutenção preditiva busca monitorar um ou mais parâmetros de um equipamento e deve ser feita, preferencialmente, quando o equipamento estiver atuando no contexto operacional ideal.
   c) A manutenção preventiva, se bem aplicada, traz o melhor custo-benefício para a organização e, dessa forma, deve ser adotada para todos os SSCs (Sistemas, Subsistemas e Componentes).
   d) A manutenção preditiva, por exigir conhecimentos de especialistas, nunca deve ser realizada pelo operador do equipamento.
   e) A manutenção preventiva sistemática é realizada, muitas vezes, em intervalos de tempo preestabelecidos, considerando o histórico de funcionamento do equipamento.

4. A estrutura organizacional para manutenção deve ser definida tanto do ponto de vista da dimensão espacial quanto do ponto de vista da subordinação/hierarquia. Considerando a subordinação, assinale a alternativa correta:
   a) Na estrutura centralizada, a tomada de decisão pelo gestor de manutenção é mais rápida, o que contribui para reduzir o tempo médio de reparo dos equipamentos.
   b) Na estrutura descentralizada, cada supervisor de manutenção tem autonomia para definir os mecanismos de gestão e padrões de trabalho, o que minimiza conflitos organizacionais.
   c) Na estrutura mista, a equipe de manutenção é subordinada ao gerente de produção e, dessa forma, a função manutenção perde um nível hierárquico.
   d) Na estrutura descentralizada, o relacionamento entre a produção e a manutenção é dificultado.
   e) Na estrutura mista, os profissionais de manutenção são organizados por meio da formação de times, subordinados a um gestor de manutenção. Esse gestor, muitas vezes, é subordinado ao nível estratégico da empresa.

5. Entre as atribuições do setor de manutenção estão:
a) Realizar reparos e trocas de sobressalentes, monitorar parâmetros, acompanhar os indicadores de manutenção e adotar estratégias de melhoria contínua.
b) Priorizar as necessidades específicas do setor de manutenção em detrimento dos objetivos estratégicos organizacionais.
c) Prever e comprar os materiais sobressalentes necessários às atividades do setor.
d) Responsabilizar pelos projetos e montagens das instalações industriais.
e) Identificar e contratar treinamentos necessários à atualização e à qualificação da equipe de manutenção.

Referências

ASSOCIAÇÃO BRASILEIRA DE NORMAS TÉCNICAS. *ABNT NBR ISO 55000*. Gestão de Ativos – Visão geral, princípios e terminologia. Rio de Janeiro: ABNT, 2014.

ASSOCIAÇÃO BRASILEIRA DE NORMAS TÉCNICAS. *NBR 5462*. Confiabilidade e mantenabilidade. Rio de Janeiro: ABNT, 1994.

BRANCO FILHO, G. *A organização, o planejamento e o controle da manutenção*. Rio de Janeiro: Ciência Moderna, 2006.

BRANCO FILHO, G. *Dicionário de termos de manutenção, confiabilidade e qualidade*. 4. ed. Rio de Janeiro: Ciência Moderna, 2008.

PAIVA, J. A.; SOUZA, F. M. C. Modelo de contrato de terceirização da manutenção: uma abordagem principal-agente. *Produção*, v. 22, n. 4, p. 796-806, set./dez. 2012. Disponível em: <http://www.scielo.br/scielo.php?script=sci_arttext&pid=S0103-65132012000400012>. Acesso em: 30 jun. 2018.

PINTO, A. K.; XAVIER, J. A. N. *Manutenção*: função estratégica. 4. ed. Rio de Janeiro: Qualitymark, 2012.

SAMPAIO, P. G. V.; FERNANDES NETO, A. P. Análise da manutenção numa empresa do setor salineiro do Rio Grande do Norte. In: ENCONTRO NACIONAL DE ENGENHARIA DE PRODUÇÃO. 33., Salvador, 2013. *Artigos...* Rio de Janeiro: ABEPRO, 2013. Disponível em: <http://www.abepro.org.br/biblioteca/enegep2013_TN_STO_177_011_21940.pdf>. Acesso em: 30 jun. 2018.

SLACK, N. et al. *Administração da produção*. 2. ed. São Paulo: Atlas, 2007.

TAVARES, A. D. *Gestão eficaz da terceirização na manutenção industrial para garantir qualidade, eficiência e produtividade*. 2014. 84f. Dissertação (Mestrado em Sistemas de Gestão) - Universidade Federal Fluminense, Niterói, 2014. Disponível em: <http://www.bdtd.ndc.uff.br/tde_arquivos/14/TDE-2015-06-27T152527Z-4521/Publico/DISSERT%20ALEXANDRE%20DIAS%20TAVARES.pdf>. Acesso em: 30 jun. 2018.

Manutenção classe mundial: práticas de manutenção moderna

Objetivos de aprendizagem

Ao final deste texto, você deve apresentar os seguintes aprendizados:

- Identificar a relação entre a gestão da qualidade e a manutenção para se alcançar a manutenção classe mundial.
- Reconhecer as principais características das manutenções planejadas e não planejadas, diferenciando entre corretivas, preventivas e preditivas.
- Descrever indicadores de políticas de manutenção modernas e programas de treinamento.

Introdução

Tanto o desenvolvimento da manutenção quanto o desenvolvimento da qualidade acompanharam o desenvolvimento industrial. Ambas evoluíram para atender aos objetivos do negócio, compreendendo como amplo objetivo o atendimento às necessidades da organização, dos clientes internos e externos, da sociedade, entre outros.

Com os avanços tecnológicos, a qualidade na manutenção se tornou um fator importante para alcançar maior eficiência nos processos de produção, e esses avanços não pararam. Assim, a busca pela manutenção classe mundial tem sido um esforço de muitas empresas. Segundo Xavier (2000), para atingir a manutenção classe mundial, é necessário controlar a manutenção para que se possa, a partir daí, introduzir as melhorias necessárias. Ainda segundo o autor, é preciso inovar em manutenção, mas isso só será possível após o controle, a análise, o diagnóstico e o planejamento dos próximos passos. É necessário buscar a superioridade para se colocar entre os melhores do mundo (XAVIER, 2000).

Neste capítulo, você compreenderá a importância da qualidade para alcançar a excelência em manutenção, conhecerá os principais tipos de manutenção, suas vantagens e desvantagens, avaliará formas de controlar o plano de manutenção e identificará programas de treinamento na área.

Relação entre gestão da qualidade e manutenção para alcançar a manutenção classe mundial

A gestão da qualidade e a manutenção têm uma relação cada vez mais estreita, principalmente com a mudança de visão da manutenção: antes vista como de responsabilidade exclusiva de um setor, cuja função principal era consertar máquinas e equipamentos, agora é compreendida com base no envolvimento de todos da organização, com o objetivo de aumentar a competitividade da empresa. Assim, como a Gestão da Qualidade Total depende da participação integrada de todos os setores da empresa e busca eliminar os pontos fracos de um sistema de produção, a manutenção assume função estratégica (XENOS, 2014). O Quadro 1, a seguir, apresenta a mudança de enfoque da manutenção.

Quadro 1. Evolução no enfoque da manutenção

Eficiência	Eficácia
Reparar o equipamento o mais rápido possível	Manter o equipamento disponível para operar
Preocupação limitada à manutenção	Preocupação com a empresa

Fonte: Adaptado de Xavier (2015).

No Quadro 1, pode-se observar que o foco deixa de ser consertar o equipamento e passa a ser manter o equipamento disponível para operar; além disso, a visão deixa de ser limitada à manutenção, uma vez que a preocupação é com a empresa. No entanto, essa mudança de foco não é algo trivial e pode exigir uma mudança cultural na organização.

Pinto e Xavier (2012) reconhecem a dificuldade de implantar um processo de qualidade em toda empresa, uma vez que se trata de um processo de mudança de cultura, e afirmam que as resistências tendem a ser maiores na manutenção. Mesmo reconhecendo as dificuldades, transpor barreiras é premissa para alcançar a excelência nas práticas de manutenção.

A ISO 9001 Gestão da Qualidade define os requisitos para implementação do sistema (ASSOCIAÇÃO..., 2015) e faz menção indireta à importância da manutenção para garantia da qualidade ao abordar que a organização precisa planejar recursos humanos e materiais, infraestrutura e prazos para alcançar a conformidade dos seus produtos e processos. Essa conformidade depende das boas práticas de manutenção e de um PCMO (Planejamento, Organização e Controle da Manutenção) adequado e devidamente executado.

Paladini (2008) afirma que a Gestão da Qualidade Total busca adequar os bens e serviços aos consumidores por meio do constante investimento em melhorias (melhoria contínua). Atender às necessidades e expectativas dos consumidores exige processos de produção eficazes, capazes de produzir as quantidades certas, nos momentos adequados, a um custo preestabelecido. Essas exigências quanto aos processos também corroboram a importância do desenvolvimento e da aplicação de novas técnicas, ferramentas e métodos de manutenção, considerando a estreita relação entre a mesma e o setor de produção.

Muitas vezes, é possível conseguir consideráveis aumentos de produção sem investir em novas instalações por meio do desenvolvimento de novos métodos de trabalho, da modernização dos ativos existentes e implantando um sistema de qualidade na manutenção e em toda empresa (PINTO; XAVIER, 2012). Ainda segundo os autores, os dez princípios básicos da qualidade também se aplicam ao setor de manutenção, sendo eles: satisfação total dos clientes, gerência participativa, desenvolvimento humano, constância de propósitos, desenvolvimento contínuo, gerenciamento dos processos, delegação, disseminação das informações, gerenciamento de rotinas e não aceitação do erro.

O fato é que a busca pela qualidade na manutenção envolve o desenvolvimento do setor em diversos aspectos. É necessário sair do estágio de mudança de cultura, que é vagaroso e inadequado ao cenário atual, para um novo paradigma, que é a cultura de mudança, ou seja, é preciso estar permanentemente receptivo e ser proativo na quebra de paradigmas que já fizeram sucesso no passado, mas que não se aplicam à atualidade (PINTO; XAVIER, 2012).

A manutenção como função estratégica sustenta-se por meio de (XAVIER, 2015):

- envolvimento da gerência;
- participação de todos da organização;
- obtenção de melhorias;
- lucro com os resultados.

A busca de melhorias contínuas no sistema de manutenção por meio de práticas inovadoras pode conduzir à manutenção classe mundial e contribuir significativamente para a qualidade do sistema. Segundo Xavier (2000), o alcance da manutenção classe mundial (*world class maintenance* – WCM) depende do entendimento e da prática de dois fundamentos:

1. Sair do estágio atual relacionado à manutenção e alcançar a manutenção classe mundial.
2. Caminhar na direção dos melhores com velocidade compatível e se manter entre eles.

A Figura 1 mostra a evolução necessária para alcançar a manutenção classe mundial.

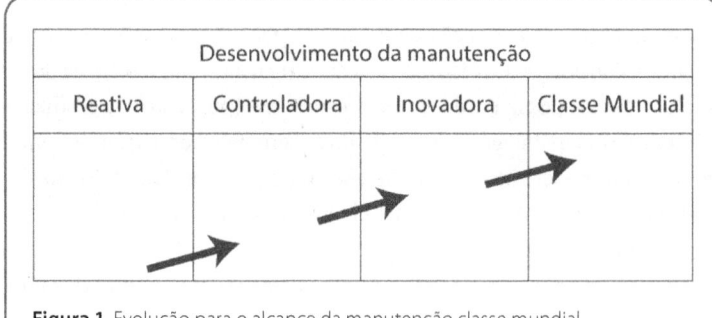

Figura 1. Evolução para o alcance da manutenção classe mundial.
Fonte: Xavier (2000).

Ainda segundo o autor, quando a manutenção é reativa, trata-se de manutenção corretiva não planejada. Nesse estágio, não se consegue traçar melhorias. Posteriormente, em um segundo estágio, assume-se o controle da manutenção. A partir desse controle, é possível introduzir melhorias e inovar (terceiro estágio). Por fim, para alcançar a manutenção classe mundial, é necessário promover uma ruptura com os métodos e com a velocidade atuais e buscar ultrapassar as melhores práticas.

A manutenção classe mundial consiste em adotar os métodos, técnicas, ferramentas e políticas mais adequados para conduzir à liderança, ou seja, à manufatura classe mundial.

Segundo Xavier (2015), para alcançar a manutenção classe mundial, é preciso:

- Revisão das práticas de manutenção adotadas: deve-se privilegiar o monitoramento dos equipamentos, identificar as causas das falhas e cortar serviços desnecessários.
- Novas políticas de estoques e sobressalentes: consiste em adotar novas formas de relacionamento entre comprador e fornecedor para evitar armazéns lotados.
- Sistemas de gerenciamento da manutenção: melhorar o desempenho e a vida útil do equipamento.
- Parceria operação-manutenção.
- Capacitação e polivalência: treinamento da mão de obra.
- Manutenção produtiva total (TPM): um dos pilares da TPM é corresponsabilização do operador por algumas atividades simples relacionadas à manutenção.
- Utilização de técnicas de análise de falhas.
- Manutenção centrada na confiabilidade: processo utilizado para detectar requisitos de manutenção.
- Terceirização em relação ganha-ganha (parcerias).

Fique atento

Centrada na premissa de que é imperativo explorar, compreender, analisar e utilizar as soluções de uma empresa, concorrente ou não, diante de determinado problema, o benchmarking é uma excelente tecnologia de gestão organizacional e oferece, aos que acreditarem corretamente em seu potencial, alternativas que aperfeiçoam processos organizacionais, produtos e serviços (ARAÚJO, 2000 apud MARTINS; SANTOS; CARVALHO, 2010).

O *benchmarking* é uma técnica muito utilizada para compreensão das práticas de manutenção em países de primeiro mundo, o que auxilia no alcance na manutenção classe mundial.

Características das manutenções planejadas e não planejadas

Existem vários tipos de manutenções que podem ser combinados de forma a contribuir com a obtenção dos objetivos industriais. De forma ampla, as manutenções podem ser divididas em planejadas e não planejadas. A manutenção planejada compreende as ações de manutenção que são previstas (por meio de algum monitoramento/parâmetro) e previamente estabelecidas. As ações não planejadas são realizadas de forma aleatória, sem definição antecipada das ações necessárias.

As manutenções planejadas e não planejadas podem se subdividir, ainda, especificamente, em manutenções corretivas, preventivas e preditivas, conforme exposto na Figura 2.

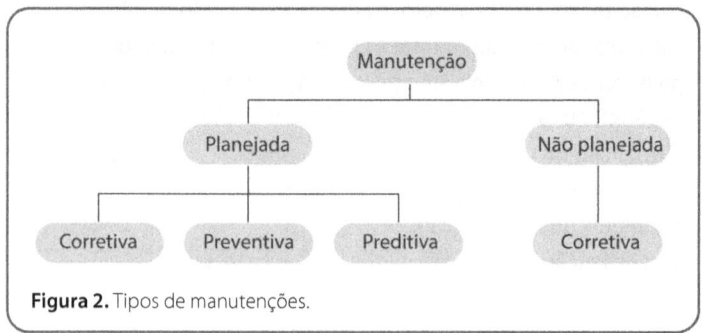

Figura 2. Tipos de manutenções.

Existem diversos conceitos relacionados a um mesmo tipo de manutenção. É importante que a indústria defina o conceito mais adequado à sua realidade e dissemine as informações entre todos os participantes do processo. Algumas empresas possuem um manual próprio de manutenção que auxilia o alinhamento de conceitos e informações.

A manutenção corretiva, segundo a NBR 5462 (ASSOCIAÇÃO..., 1994), é a manutenção efetuada no ativo quando ele está em estado de incapacidade de desempenhar suas funções requeridas ou em pane. Já de acordo com Pinto e Xavier (2012), a manutenção corretiva é a atuação para correção da falha ou do desempenho inferior ao esperado, ou seja, é a correção ou restauração das condições de funcionamento de um sistema. Ela pode ser planejada ou não planejada, conforme explicado abaixo (PINTO; XAVIER, 2012):

- **Planejada:** é a correção da falha ou do desempenho menor que o esperado pela atuação em função do acompanhamento preditivo ou pela decisão de operar até quebrar.
- **Não planejada:** é a correção da falha de maneira aleatória.

A manutenção preventiva procura manter o sistema em estado operacional ou disponível com base na prevenção de ocorrência de falhas (LAFRAIA, 2001). É efetuada em intervalos de tempo pré-determinados ou de acordo com critérios previstos. Tem o objetivo de reduzir a probabilidade de ocorrência de uma falha e contribuir com o aumento da vida útil dos ativos (ASSOCIAÇÃO..., 1994). Geralmente, obedece às definições do plano de manutenção.

A manutenção preditiva consiste na aplicação sistemática de técnicas de análise para reduzir ao mínimo a manutenção preventiva e diminuir a manutenção corretiva não planejada (ASSOCIAÇÃO..., 1994). Também é conhecida como manutenção sob condição ou manutenção com base no estado do equipamento e trata do monitoramento de um ou mais parâmetros do ativo.

No Quadro 2, são apresentadas as vantagens e desvantagens de cada tipo de manutenção.

Quadro 2. Tipos de manutenção, vantagens e desvantagens

Tipo de manutenção	Conceito	Vantagens	Desvantagens
Corretiva (não planejada)	Operar até falhar	Enquanto os equipamentos não falham, não existe custo	Paradas imprevisíveis em momentos aleatórios; Redução da vida útil do ativo
Preventiva	Atuar antes da falha	Reduz a incidência de falhas; Aumenta a vida útil e o valor de uso do equipamento	Uso de sobressalentes em excesso Paradas sem real necessidade
Preditiva	Monitoramento de algum parâmetro do ativo	Identificação antecipada de potenciais defeitos e falhas dos ativos Auxilia a definição dos momentos adequados de trocas e reparos	Custo de implementação

Em equipamentos de baixa criticidade e custo de reparo baixo, muitas empresas têm optado por estratégias de manutenção corretiva. Por outro lado, equipamentos cujas falhas apresentam consequências graves, estratégias preventivas têm se mostrado mais adequadas.

Algumas tendências se destacam em relação aos tipos de manutenção (PINTO; XAVIER, 2012):

- queda da manutenção corretiva não planejada;
- aumento no nível de corretiva planejada pelo incremento da manutenção sob condição;
- maior desenvolvimento da manutenção preditiva, que deverá ser a prática cada vez mais adotada;
- aumento da manutenção preventiva.

Ainda segundo os autores, as indústrias dos países de primeiro mundo praticam mais manutenção preditiva e menos manutenção corretiva se comparadas às indústrias brasileiras.

Indicadores de políticas de manutenção e programas de treinamento

Os indicadores de manutenção auxiliam na avaliação das ações e dos planos de manutenção e podem sinalizar as oportunidades de melhoria. Alguns indicadores podem, inclusive, indicar a carência de capacitação das equipes, evidenciando a necessidade de investimento em treinamento. Nesta seção, você conhecerá alguns indicadores e programas de capacitação.

Indicadores de políticas de manutenção

Peter Drucker (2002) já afirmava: "[...] o que não pode ser medido não pode ser gerenciado". Os indicadores são meios utilizados para medir e controlar as ações de manutenção e, assim, orientar a identificação de potenciais pontos de melhoria.

Existem dezenas de indicadores que, segundo Xavier (2013), podem ser divididos em grandes blocos que são de interesse da gestão da manutenção, sendo eles:

- distribuição da atividade por tipo de manutenção (corretiva, preventiva, preditiva);
- estoque de materiais e política de sobressalentes;
- coordenação e planejamento da manutenção;
- treinamento e capacitação em resultados operacionais;
- resultados particulares em preventiva, preditiva, detectiva e engenharia de manutenção;
- paradas de manutenção — grandes serviços;
- programas ligados à melhoria e bem-estar dos funcionários – moral e segurança no trabalho.

A indústria deve selecionar os indicadores mais adequados à sua estratégia empresarial. Esses indicadores devem ser poucos, mas bem acompanhados. Além disso, devem possibilitar uma leitura clara de como estão os resultados dos processos de manutenção, orientar a identificação dos problemas e suas possíveis soluções.

A seguir, são apresentados alguns dos indicadores mais utilizados pelo setor de manutenção.

Tempo médio entre falhas (MTBF — *medium time between failure*)

Corresponde ao tempo médio entre uma falha e outra de determinado ativo. Pode ser medido por meio da seguinte fórmula:

$$MTBF = \frac{\sum Tempo\ de\ bom\ funcionamento\ do\ equipamento}{Número\ de\ intervalos\ observados}$$

Tempo médio de reparo (MTTR — *medium time to repair*)

Corresponde ao tempo médio que o ativo fica sem operar para que os reparos possam ser feitos. Pode ser medido por meio da seguinte fórmula:

$$MTTR = \frac{\sum Tempo\ de\ não\ funcionamento\ do\ equipamento}{Número\ de\ intervenções\ realizadas}$$

Taxa de falhas (λ):

Corresponde ao índice de falhas apresentado pelo equipamento em determinado período de tempo. Pode ser medido por meio da seguinte fórmula:

$$\lambda = \frac{N\text{úmero de falhas observadas}}{\sum \text{Tempo de bom funcionamento do ativo}}$$

Exemplo

Problema:
Um lote de 50 componentes eletrônicos é testado durante 2.000 horas. Quatro dos componentes falham durante o teste, como segue:
- Falha 1 ocorreu após 1.200 horas
- Falha 2 ocorreu após 1.450 horas
- Falha 3 ocorreu após 1.720 horas
- Falha 4 ocorreu após 1.905 horas

Resolução:
O tempo total de teste = 50 x 2.000 horas = 100.000 horas de componentes.
 Porém:
- Um componente não operou: 2.000 – 1.200 = 800 horas
- Um componente não operou: 2.000 – 1.450 = 550 horas
- Um componente não operou: 2.000 – 1.720 = 280 horas
- Um componente não operou: 2.000 – 1.905 = 95 horas

 O tempo total de não operação = 1.725 horas
 Tempo de bom funcionamento = tempo total – tempo de não operação
 =
 100.000 – 1.725 = 98.275 horas

Então:
 λ=4/98.275 = 0,000041 falhas/hora

Fonte: Slack et al. (2007).

Considerando a missão da manutenção, que é garantir a disponibilidade da função dos equipamentos e instalações, atendendo a um processo de produção ou de serviço, com confiabilidade, segurança, preservação do meio ambiente e custo adequado, três indicadores são frequentemente avaliados pelo setor de manutenção (PINTO; XAVIER, 2012):

Confiabilidade (R — *realiability*):

é a probabilidade de que um item possa desempenhar sua função requerida por um período de tempo preestabelecido em determinado contexto operacional. Pode ser mensurada por meio da seguinte fórmula:

$$R = e^{-\lambda t}$$

Onde:
R(t): confiabilidade a qualquer tempo t;
e: base de logaritmos neperianos (e = 2,303);
λ: taxa de falhas;
t: tempo previsto de operação.

Disponibilidade

É a relação entre o tempo em que o equipamento ou instalação ficou disponível para produzir em relação ao tempo total.

$$\text{Disponibilidade} = \frac{\sum Tempos\ disponíveis\ para\ a\ produção}{\sum Tempos\ Disponíveis\ para\ a\ produção + \sum Tempos\ em\ Manutenção}$$

Manutenabilidade ou mantenabilidade

Capacidade de um item de ser mantido ou recolocado em condições de executar suas funções requeridas, sob condições de uso especificadas, quando a manutenção é executada sob condições determinadas e mediante procedimentos e meios prescritos (ASSOCIAÇÃO..., 1994; PINTO; XAVIER, 2012).

$$M(t) = 1 - e^{-\mu t}$$

Onde:
M (t) = é a função manutenibilidade, que representa a probabilidade de que o reparo comece no tempo t= 0 e esteja concluído, satisfatoriamente, no tempo t (probabilidade da duração do reparo).
e = base de logaritmos neperianos (e=2,303);
μ = taxa de reparo ou número de reparos efetuados em relação ao total de horas de reparo dos equipamentos;
t = tempo previsto de reparo.

Programas de treinamento

Dotar a equipe de capacitação para a realização das ações de manutenção contribui com a melhoria dos resultados do setor de manutenção e, consequentemente, com os resultados da produção. Treinar a equipe de manutenção deve ser visto como um investimento pela empresa.

Segundo Branco Filho (2008), existem diversas formas de tornar os profissionais de manutenção aptos à realização de suas atividades, a saber:

- treinamento interno: ocorre dentro do ambiente organizacional;
- treinamento externo: fora do ambiente da empresa;
- melhoria de escolaridade: objetiva aumentar o nível de percepção e melhorar a desenvoltura profissional;
- treinamento em máquinas novas: geralmente, faz parte dos contratos de aquisições de novos equipamentos;
- fornecer treinamentos adicionais;
- treinar o profissional de execução de tarefas;
- treinar encarregados;
- treinar profissionais de supervisão;
- treinar engenheiros e técnicos;
- treinar gerentes.

Existem treinamentos denominados periódicos, realizados frequentemente pelas indústrias, como treinamentos relacionados a rolamentos, hidráulica, pneumática, lubrificação industrial, solda, etc. Outros são eventuais, como gestão de ativos, auditoria, análise de falhas, etc.

Ainda segundo Branco Filho (2008), existem alguns problemas relacionados aos treinamentos, como o desinteresse do profissional em aprender e o não aumento de salário oriundo da capacitação. No entanto, uma boa política de pessoal não permitirá que aconteçam casos como os supracitados, uma vez que o profissional saberá que, ao receber treinamento, terá mais oportunidades de progresso.

Problemas de manutenção podem ter causas relacionadas à deficiência de capacitação da mão de obra. Tempo médio de reparo e taxa de falhas altos, confiabilidade e disponibilidade baixas, alto índice de improvisações e resserviços podem indicar a necessidade de reavaliar a capacitação dos profissionais de manutenção.

Identificar se a causa de determinado problema está, ou não, relacionada à capacitação da equipe pode recorrer à utilização de ferramentas da qualidade como o Diagrama de Ishikawa, criado por Kaoru Ishikawa na década de

1960. Esse diagrama indica que a causa de determinado problema pode estar relacionada a 6 Ms, sendo eles:

- mão de obra;
- material;
- método;
- meio ambiente;
- medida;
- máquina.

O Diagrama de Ishikawa ou Espinha de Peixe, como também é conhecido, é muito utilizado em conjunto com a ferramenta intitulada "5 porquês" e está representando na Figura 3.

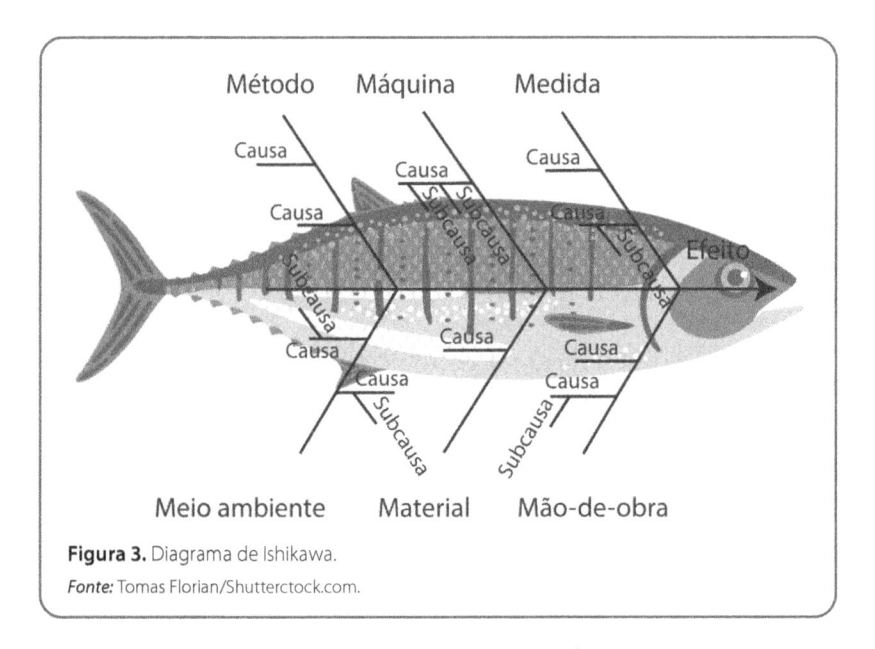

Figura 3. Diagrama de Ishikawa.
Fonte: Tomas Florian/Shutterctock.com.

Se as causas de determinados problemas de manutenção estiverem relacionadas à mão de obra ou ao método, é necessário avaliar se há necessidade de treinamento.

É responsabilidade do gerente de manutenção identificar as capacitações necessárias e fomentar o desenvolvimento dos funcionários. Uma vez identificadas as necessidades, o setor de Recursos Humanos deve contratar os treinamentos.

Uma forma de contribuir com a capacitação da equipe é fomentar a gestão do conhecimento, a troca de experiências entre os funcionários e a partilha de inovações. Assim, a equipe tem a oportunidade de disseminar as melhores técnicas e práticas de manutenção aplicadas na indústria, o que contribui para alcançar a excelência. O responsável pela manutenção tem a responsabilidade de incentivar a troca de conhecimentos e experiências.

Link

Você sabia que existe o Programa Nacional de Qualificação e Certificação (PNQC), que tem o objetivo de induzir a melhoria de produtividade e qualidade dos serviços de manutenção?
Você pode conhecer melhor esse programa por meio do link a seguir.

https://goo.gl/861RY7

Exercícios

1. A qualidade e a manutenção evoluíram para que as organizações alcancem seus objetivos de desempenho. Nesse sentido, algumas práticas de manutenção são tendências utilizadas pelas indústrias, como:
   a) o aumento do número de manutenções corretivas não planejadas, considerando que, pelo fato de que o ativo operar até falhar, o custo de manutenção é menor.
   b) a adoção de melhorias pontuais nos processos de manutenção com o objetivo de sair da situação presente e alcançar uma situação ideal. No entanto, as melhorias devem ser implementadas de forma gradual e com cautela.
   c) a redução das manutenções preditivas, uma vez que esse tipo de manutenção exige uma equipe mais robusta, o que contribui com o aumento do custo.
   d) as manutenções preditivas e preventivas, que, no Brasil, são superiores em número em relação aos países de primeiro mundo.

e) a aplicação da engenharia de manutenção, que consiste em identificar e aplicar práticas modernas, fazer *benchmarks* e caminhar na direção dos melhores.

2. Em relação aos tipos de manutenção, assinale a alternativa correta:
   a) Existe consenso em relação aos conceitos de manutenção corretiva, preventiva e preditiva e o mesmo conceito é adotado por todas as indústrias.
   b) A manutenção preventiva consiste em atuar antes da falha de um equipamento e é o tipo de manutenção mais adequado às empresas atuais.
   c) Na manutenção corretiva, o reparo é realizado após a falha. Como a falha é um evento aleatório, não é possível planejar esse tipo de manutenção.
   d) A manutenção preditiva é o monitoramento de um ou mais parâmetros de um ativo. Em contextos operacionais distintos, os equipamentos podem apresentar comportamentos diferentes em relação aos parâmetros medidos.
   e) A manutenção corretiva planejada e a não planejada não são bem vistas pelas organizações e apresentam custos superiores às outras estratégias de manutenção.

3. Uma empresa concebe e produz cartazes para exposição e eventos de promoção de vendas e compete fortemente com base em sua rapidez de entrega. Uma peça específica do equipamento que a empresa usa está causando alguns problemas. É sua impressora colorida de mesa grande. Atualmente, o tempo médio entre falhas da impressora é de 70 horas e o tempo médio para consertá-la é de 6 horas. Aproximadamente, a disponibilidade da impressora é de:
   a) 0,92.
   b) 0,09.
   c) 0,91.
   d) 0,84.
   e) 0,08.

4. Considere as afirmações abaixo:
   I. A confiabilidade está relacionada à facilidade de reparar um item e ativá-lo para operação;
   II. O tempo médio entre falhas de um equipamento é a relação entre o tempo de bom funcionamento do equipamento e o número de falhas ou número de intervalos observados em determinado período;
   III. Quanto maior o tempo médio de reparo de um equipamento e quanto menor o tempo médio entre falhas, maior será sua disponibilidade.
   a) (I).
   b) (II).
   c) (I) e (II).
   d) (I) e (III).
   e) (I), (II) e (III).

5. Em relação aos programas de treinamento, assinale a alternativa correta:
   a) A certificação no PNQC objetiva, principalmente, informar o nível de conhecimento dos profissionais de manutenção em diversas áreas.
   b) Não existem indicadores de manutenção que permitem avaliar políticas e programas de treinamento da indústria.
   c) Quando a empresa tem um bom banco de dados, uma pesquisa sobre falhas utilizando a distribuição de Weibull pode auxiliar na identificação da deficiência de conhecimento se o beta encontrado foi maior que um.
   d) A responsabilidade por contratar os treinamentos identificados como necessários é do setor de manutenção.
   e) No Brasil, os investimentos em treinamentos de manutenção são equivalentes aos investimentos dos países de primeiro mundo.

Referências

ASSOCIAÇÃO BRASILEIRA DE NORMAS TÉCNICAS. *ABNT NBR ISO 9001*. Sistemas de gestão da qualidade – Requisitos. Rio de Janeiro: ABNT, 2015.

ASSOCIAÇÃO BRASILEIRA DE NORMAS TÉCNICAS . *NBR 5462*. Confiabilidade e mantenabilidade. Rio de Janeiro: ABNT, 1994.

BRANCO FILHO, G. *A organização, o planejamento e o controle da manutenção*. Rio de Janeiro: Ciência Moderna, 2008. (Engenharia de manutenção).

DRUCKER, P. F. O inventor da administração. *Revista Exame*, v. 36, n. 10, 2002.

LAFRAIA, J. R. B. *Manual de confiabilidade, mantenabilidade e disponibilidade*. Rio de Janeiro: Qualitymark, 2001.

PALADINI, E. P. *Gestão estratégica da qualidade:* princípios, métodos e processos. São Paulo: Atlas, 2008.

PINTO, A. K.; XAVIER, J. N. *Manutenção*: função estratégica. 4. ed. Rio de Janeiro: Qualitymark, 2012.

SLACK, N. et al. *Administração da produção*. 2. ed. São Paulo: Atlas, 2007.

XAVIER, J. N. *Indicadores de manutenção*. 2013. Disponível em http://www.dee.ufrn.br/~joao/manut/15%20-%20Cap%EDtulo%2013.pdf >. Acesso em: 06 juL. 2018.

XAVIER, J. N. Manutenção classe mundial. *Brasil Revista*, n. 3, dez. 2000.

XAVIER, J. N. *Manutenção classe mundial*. 2015. Disponível em: <http://www.tecem.com.br/wp-content/uploads/2015/02/GP005-MANUTEN%C3%87%C3%83O-CLASSE-­MUNDIAL-Julio-Nascif.pdf>. Acesso em: 06 jul. 2018.

XENOS, H. G. *Gerenciando a manutenção produtiva*. 2. ed. Nova Lima: Falconi, 2014.

Leitura recomendada

MARTINS, S. G.; SANTOS, A. S.; CARVALHO, L. M. O benchmarking e sua aplicabilidade em unidades de informação: uma abordagem reflexiva. *Interface*, v.7, n. 1, jan./jun. 2010. Disponível em: <https://repositorio.ufrn.br/jspui/bitstream/123456789/19021/1/Martins_Santos_Carvalho_2010_O-Benchmarking-e-sua-aplicabil_6707.pdf>. Acesso em: 06 jul. 2018.

Planejamento e controle da manutenção

Objetivos de aprendizagem

Ao final deste texto, você deve apresentar os seguintes aprendizados:

- Reconhecer os principais mecanismos de controle e indicadores do custo da manutenção.
- Descrever as etapas de implantação da manutenção preventiva.
- Identificar as etapas de implantação da manutenção preditiva.

Introdução

O plano de manutenção é um documento importante que contém a lista de equipamentos da indústria, os tipos de manutenções mais adequados para cada equipamento, o momento do reparo, troca, restauração e/ou monitoramento, os procedimentos a serem adotados, os recursos materiais e humanos envolvidos, entre outros. Será a base consultada frequentemente pelo setor para o exercício de sua função. As avaliações do plano e de sua execução são fundamentais para gerar feedbacks e direcionar as próximas ações do setor.

As avaliações exigem a adoção de mecanismos de controle. Assim, identificar os mecanismos de controle mais adequados e avaliar constantemente as ações faz parte do trabalho de manutenção. Um mecanismo de controle utilizado, e preocupação central de muitas indústrias, é o custo de manutenção. Todos os custos que envolvem a manutenção precisam ser balanceados de forma a contribuir com o objetivo da indústria, que é garantir confiabilidade e disponibilidade dos equipamentos, permitindo a eficiência da operação com menor custo possível.

Assim, neste capítulo, você vai conhecer alguns mecanismos de controle da manutenção, principalmente indicadores relacionados aos custos, além de aprender as etapas para implantação das manutenções preventivas e preditivas.

Principais mecanismos de controle e indicadores de custo de manutenção

Para sincronizar todos os processos que interagem na manutenção, é importante adotar mecanismos de identificação e controle, que devem permitir identificar e avaliar (PINTO; XAVIER, 2012):

- que serviços serão feitos?
- quando os serviços serão feitos?
- que recursos são necessários para a execução dos serviços?
- quanto tempo será gasto em cada serviço?
- qual será o custo de cada serviço, o custo por unidade e o custo global?
- que materiais serão aplicados?
- que máquinas, dispositivos e ferramentas serão necessários?

Os serviços feitos e os recursos humanos e materiais despendidos geram alguns dos custos do processo de manutenção na indústria e precisam ser bem controlados e gerenciados.

Branco Filho (2008) reitera que, para manter o funcionamento de uma indústria, são necessárias, no mínimo, matéria-prima, máquinas funcionando e mão de obra treinada. Manter as máquinas funcionando adequadamente representa um custo necessário à organização.

Pinto e Xavier (2012) revelam que, antigamente, quando se falava em custos de manutenção, a maioria dos gestores pensava que: não havia meios de controlar os custos de manutenção, pois a manutenção tinha um custo muito alto e esses custos de manutenção oneravam o produto semiacabado ou acabado.

Os autores ainda afirmam que não existiam indicadores significativos que permitissem avaliar a situação, as atividades de manutenção não eram vistas como importantes e, por isso, não eram feitos investimentos na área.

Duas visões se destacam em relação ao custo de manutenção (BRANCO FILHO, 2008):

1. manutenção vista como um custo que pode onerar uma indústria;
2. manutenção vista como um fator de melhoria de produção, de redução de despesas e de perda de matéria-prima como refugo.

A segunda visão é mais adequada às indústrias atuais, nas quais a manutenção assume função estratégica. No Brasil, segundo pesquisa realizada pela Associação Brasileira de Manutenção, em 2013, o custo total de manutenção representou 4,69% do faturamento bruto da indústria. Na Tabela 1, são apresentados os custos totais de manutenção em relação ao faturamento bruto no período de 1995 a 2013 e, na Figura 1, o custo de manutenção no Brasil.

Tabela 1. Panorama dos custos de manutenção / faturamento bruto de 1995 a 2013

Ano	Custo total da manutenção/ faturamento bruto (%)
2013	4,96
2011	3,95
2009	4,14
2007	3,89
2005	4,10
2003	4,27
2001	4,47
1999	3,56
1997	4,39
1995	4,26

Fonte: ABRAMAN (2013).

CUSTO DA MANUTENÇÃO NO BRASIL				
Ano da Pesquisa	Ano Base	PIB (Milhões de R$)	CTM/FB (%)	Custo (Milhões de R$)
2013	2012	4.403.000	4,69	206.500,700
2011	2010	3.675.000	3,95	145.162,500
2009	2008	2.900.000	4,14	120.060,000
2007	2006	2.322.000	3,89	90.325,800
2005	2004	1.769.202	4,10	72.537,282
2003	2002	1.346.028	4,27	57.475,396
2001	2000	1.101.255	4,47	49.226,099
1999	1998	914.188	3,56	32.545,093
1997	1996	778.887	4,39	34.193,139
1995	1994	349.205	4,26	14.876,133

Figura 1. Custo de manutenção no Brasil.
Fonte: Associação Brasileira de Manutenção e Gestão de Ativos (2013, documento on-line).

Ao analisar a Tabela 1, percebe-se uma oscilação dos custos em relação ao faturamento, variando de 3,56 a 4,69%, sendo que o maior percentual foi obtido no último ano da pesquisa. Na Figura 1, pode-se verificar que o custo de manutenção no Brasil no ano base de 2012 foi de R$ 206.500.700. Tratam-se de valores significativos, o que justifica o constante monitoramento pelo gestor de manutenção.

Os custos de manutenção podem ser divididos em três categorias (PINTO; XAVIER, 2012):

a) **Custos diretos (CD):** necessários para manter os ativos funcionando. Podem ser incluídos custos com recursos materiais e pessoais para realização dos reparos, trocas, restaurações e monitoramentos durante as manutenções preventivas, corretivas, preditivas e detectivas. Mais especificamente, os custos diretos de manutenção envolvem:
- custos de mão de obra direta: mão de obra própria;
- custos de materiais: custo de sobressalentes (peça aplicada) e custo de materiais de consumo (óleo, graxa, etc.);
- custo de serviços de terceiros.

b) **Custos indiretos (CI):** relacionados à estrutura gerencial. São aqueles relacionados com estudos de melhoria, custos com a aquisição de equipamentos, ferramentas e instrumentos para fins de acompanhamento, custos com depreciação, energia elétrica, entre outros.

c) **Custos de perda de produção (CPP):** custos obtidos pela redução da produção cujas causas estejam relacionadas à falha do equipamento principal sem que o equipamento reserva estivesse disponível e/ou à falha do equipamento devido ação imprópria da manutenção.

O somatório dos custos diretos, indiretos e de perdas de produção constitui o custo global de manutenção.

Custo global de manutenção = CD + CI + CPP

A empresa deve planejar as ações de manutenção buscando atingir seus objetivos e otimizar o custo global.

A Figura 2 apresenta a composição dos custos de manutenção no Brasil.

Ano	Composição dos Custos de Manutenção (%)			
	Pessoal	Material	Serviços Contratados	Outros
2013	34,02	21,96	27,50	16,52
2011	31,13	33,35	27,03	8,48
2009	31,09	33,43	27,27	8,21
2007	32,35	30,52	27,20	9,93
2005	32,53	33,13	24,84	9,50
2003	33,97	31,86	25,31	8,86
2001	34,41	29,36	26,57	9,66
1999	36,07	31,44	23,68	8,81
1997	38,13	31,10	20,28	10,49
1995	35,46	33,92	21,57	9,05
Média	33,92	31,01	25,13	9,95
Desvio Padrão	2,24	3,50	2,55	2,41

Figura 2. Composição dos custos de manutenção: valores percentuais do período de 1995-2013, corrigidos para fechamento em 100%.
Fonte: Associação Brasileira de Manutenção e Gestão de Ativos (2013, documento on-line).

Percebe-se que, em média, 33,9% dos custos estão relacionados à mão de obra, 31% a material, 25% a serviços contratados e 10% a outros, existindo uma oscilação entre os anos de 1995 a 2013.

Quando se trata de políticas de manutenção, os custos das manutenções corretivas, preventivas e preditivas são diferentes. O Quadro 1 apresenta os custos de cada tipo de manutenção que, segundo Pinto e Xavier (2015), permanecem inalterados desde 1996 até 2015.

Quadro 1. Custo por tipo de manutenção

Tipo de manutenção	US$/HP instalado/ano	Relação
Manutenção corretiva não planejada	17 a 18	2
Manutenção preventiva	11 a 13	1,5
Manutenção preditiva (+ correção, se necessário)	7 a 9	1

Fonte: Pinto e Xavier (2015).

Percebe-se que a manutenção corretiva não planejada (emergencial) é a mais cara, seguida pela manutenção preventiva e pela manutenção preditiva. No entanto, a composição do custo total não depende exclusivamente do tipo de manutenção adotado, mas, sim, de um conjunto de fatores, como custos de perda de produção, custos indiretos, entre outros. A adoção de algumas práticas pode auxiliar as empresas na otimização dos resultados.

A seguir são apresentadas algumas boas práticas e tendências em relação ao controle dos custos de manutenção (BRANCO FILHO, 2008; PINTO; XAVIER, 2012).

- O ideal é que a manutenção faça sua própria previsão orçamentária junto a cada oficina a ser atendida.
- Pode-se conseguir redução considerável de custos fazendo o orçamento com a operação por meio de uma equipe multidisciplinar.
- O aumento da vida útil do equipamento deve ser buscado com programas de atualização tecnológica para fugir do problema de obsolescência. Deve-se fazer uma análise custo x benefício.
- Os custos de manutenção devem ser controlados, verificando: previsão mês a mês, valor efetivamente gasto em cada mês; valor gasto em anos anteriores.
- Sugere-se que faça um *benchmark* que questione quais são as empresas referências e quais são seus custos de manutenção.
- Cada especificidade de manutenção (mecânica, elétrica, etc.) deve ter um controle de custos.

> **Fique atento**
>
> Até a década de 1970, os Sistemas de Planejamento e Controle da Manutenção no Brasil, inclusive o controle de custos, eram todos manuais. O primeiro programa de computador para manutenção surgiu em 1964, na Petrobras, e o primeiro *software* para Planejamento e Controle da Manutenção foi desenvolvido por Furnas Centrais Elétricas em 1970. Atualmente, existem inúmeros sistemas que podem auxiliar o PCMO — Planejamento, Organização e Controle da Manutenção (PINTO; XAVIER, 2012).

Etapas de implantação da manutenção preventiva

Uma das tomadas de decisões mais importantes ao elaborar o PCMO (Planejamento, Organização e Controle da Manutenção) é a definição dos tipos de manutenções a serem adotados para cada ativo. Para alguns equipamentos, estratégias preventivas devem ser adotadas, outros devem ser monitorados/inspecionados e, para outros, estratégias corretivas mostram-se mais adequadas.

Diante da necessidade de adoção de política de manutenção preventiva, o planejamento da implantação desse tipo de manutenção pode ser estruturado em etapas, com o objetivo de tornar mais simples a implantação e aumentar o potencial de êxito.

A manutenção preventiva é "a atuação realizada de forma a reduzir ou evitar a falha ou queda no desempenho, obedecendo a um plano previamente elaborado, baseado em intervalos definidos de tempo" (PINTO; XAVIER, 2012). Por outro lado, a NBR 5462 (ASSOCIAÇÃO..., 1994) considera que todo o trabalho de manutenção realizado em máquinas que estejam em condições operacionais, ainda que com algum defeito, seja manutenção preventiva.

Esta política de manutenção é utilizada em equipamentos de alta criticidade, cujas consequências da falha são graves para critérios como produção, qualidade, custo, segurança, meio ambiente e outros que a indústria julgar importante. Pinto e Xavier (2012) afirmam que a manutenção preventiva é mais conveniente quanto mais simples for a reposição, quanto mais altos forem os custos das falhas e quanto mais prejudiciais forem as mesmas. Os autores ainda destacam que os seguintes fatores devem ser considerados na adoção da manutenção preventiva:

- Quando não é possível fazer manutenção preditiva;
- Aspectos relacionados à segurança pessoal ou patrimonial que tornam obrigatória a intervenção, normalmente, para substituição de componentes;
- Equipamentos críticos de difícil liberação da produção;
- Riscos de impacto ao meio ambiente;
- Sistemas complexos e/ou processos de produção contínuo.

Branco Filho (2008) considera que este tipo de manutenção pode ser subdividido em duas, sendo:

a) Preventiva por estado: realizado em máquinas que estejam em condições operacionais, mas nas quais se detectou a degradação de parâmetros do equipamento;
b) Preventiva sistemática: realizada, de modo sistemático, em equipamentos que estejam em condições operacionais. Este modo sistemático pode considerar tempo transcorrido, quilômetros rodados, etc.

A manutenção preventiva é uma manutenção planejada e as etapas para a implantação de manutenção planejada consistem em:

1. Avaliação do equipamento e levantamento da situação atual;
2. Reparo das deteriorações e melhorias dos pontos deficientes;
3. Estruturação do controle de informações e de dados;
4. Estruturação da manutenção preventiva;
5. Estruturação da manutenção preditiva;
6. Avaliação do sistema de manutenção planejada.

Percebe-se que a manutenção planejada prevê a estruturação das manutenções preventivas e preditivas. Para implantar a manutenção preventiva, mostra-se necessário:

a) Mapear os ativos da indústria: listar todos os equipamentos que irão compor o Plano de Manutenção, conhecer seus SSCs (Sistemas, Subsistemas e Componentes) e conhecer as funções desempenhadas pelo equipamento.
b) Coletar dados sobre os equipamentos: por meio de dados históricos e da experiência dos operadores, identificar as falhas reais e potenciais, analisar as ações de manutenção já realizadas no equipamento, avaliar

a criticidade do equipamento, etc. Essas informações auxiliarão a elaboração do plano de manutenção. Nessa etapa, alguns indicadores podem ser quantificados. As questões a seguir podem orientar a coleta de dados:
- Qual é o índice de falhas deste equipamento?
- Quando ele falha, qual é a consequência da falha?
- As ações de manutenção neste equipamento são demoradas?
- Por quais intervenções este equipamento já passou no último ano?

A partir desses dados, serão definidos os equipamentos cuja estratégia de manutenção mais adequada seja a preventiva.

a) Definir as ações de manutenção preventiva: definir as operações e tarefas e seus respectivos procedimentos.
b) Identificar e quantificar os recursos necessários para a execução das ações preventivas, principalmente os recursos pessoais e materiais.
c) Elaborar um cronograma de manutenção preventiva: definir o momento para a realização das ações de manutenção.
d) Realizar as ações de manutenção previstas no cronograma.
e) Realizar gestão do conhecimento e identificar oportunidades de melhoria.

A Figura 3 apresenta as etapas de implantação da manutenção preventiva.

Figura 3. Etapas para implantação da manutenção preventiva.

As manutenções preventivas superam as manutenções corretivas nas indústrias brasileiras em relação ao percentual de recursos aplicados. Por outro lado, as manutenções preditivas são menores. A Figura 4 apresenta um quadro com o percentual de recursos aplicados em cada tipo de manutenção na indústria brasileira.

Aplicação dos Recursos na Manutenção (%)				
Ano	Manutenção Corretiva	Manutenção Preventiva	Manutenção Preditiva	Outros
2013	30,86	36,55	18,82	13,77
2011	27,40	37,17	18,51	16,92
2009	26,69	40,41	17,81	15,09
2007	25,61	38,78	17,09	18,51
2005	32,11	39,03	16,48	12,38
2003	29,98	35,49	17,76	16,77
2001	28,05	35,67	18,87	17,41
1999	27,85	35,84	17,17	19,14
1997	25,53	28,75	18,54	27,18
1995	32,80	35,00	18,64	13,56

Hh (serviços de manutenção) / Hh (total de trabalho)

Figura 4. Aplicação de recursos em cada tipo de manutenção no Brasil.
Fonte: Associação Brasileira de Manutenção e Gestão de Ativos (2013, documento on-line).

Etapas de implantação da manutenção preditiva

A manutenção preditiva diz respeito à atuação realizada modificando o parâmetro de condição ou desempenho, de maneira que o acompanhamento seja sistemático (PINTO; XAVIER, 2012). Ainda segundo os autores, as condições básicas para se adotar a manutenção preditiva são:

- o equipamento, sistema ou instalação deve ter pelo menos um parâmetro passível de ser monitorado/medido;
- o equipamento, sistema ou instalação deve merecer este tipo de ação, uma vez que existem custos envolvidos;

- as falhas devem ter origem em causas que possam ser monitoradas e ter sua progressão acompanhada;
- deve-se estabelecer um programa de acompanhamento, análise e diagnóstico sistematizado.

Este tipo de manutenção é aplicado quando o custo da falha é considerável e quando as despesas com o uso desta política são menores que as despesas e gastos com reparos, custo de indenizações e custos de perda de produção (BRANCO FILHO, 2008). Pinto e Xavier (2012) indicam os seguintes fatores para análise da adoção da política de manutenção preditiva:

1. aspectos relacionados com a segurança pessoal e com a função operacional;
2. redução de custos pelo monitoramento constante das condições dos equipamentos, evitando intervenções desnecessárias;
3. realização de manutenção com os equipamentos operando, de modo seguro, por mais tempo.

O fluxo representado na Figura 5 apresenta o processo de tomada de decisão entre a adoção da política de manutenção preventiva e preditiva para equipamentos de alta criticidade.

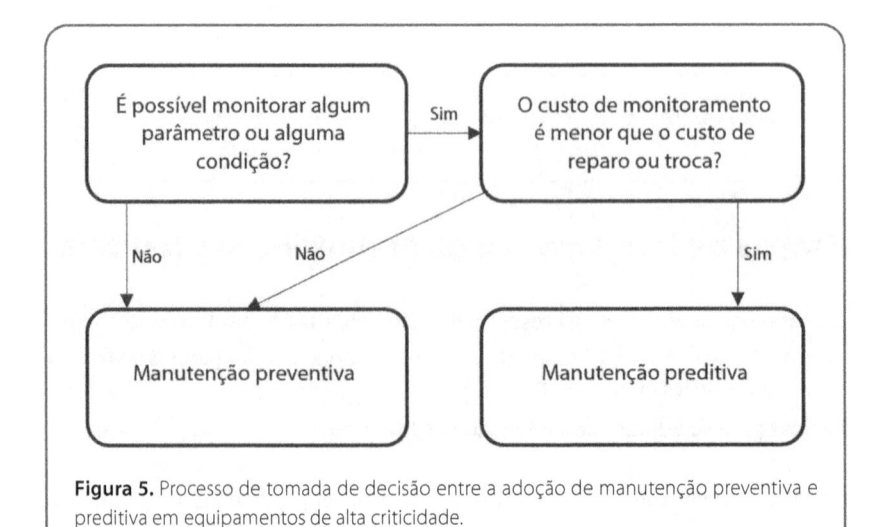

Figura 5. Processo de tomada de decisão entre a adoção de manutenção preventiva e preditiva em equipamentos de alta criticidade.

Na manutenção preditiva, equipamentos distintos têm parâmetros de monitoramento diferentes. Alguns exemplos de parâmetros são ruídos, temperatura, vibração, qualidade do óleo, entre outros. Assim como a manutenção preventiva, a implantação da manutenção preditiva, quando necessária, deve ser estruturada. As etapas para implantação da manutenção preditiva são:

1. Identificação dos equipamentos que cumprem os requisitos necessários para serem monitorados/inspecionados.
2. Identificação de um ou mais parâmetros que serão monitorados e os respectivos procedimentos de monitoramento.
3. Identificação e quantificação dos recursos materiais e pessoais necessários à implantação da manutenção preditiva. Entre os recursos materiais, estão os instrumentos de medições, que podem ser necessários para acompanhar os parâmetros e os responsáveis pelo acompanhamento. As manutenções preditivas podem ser subdivididas em tipos, a saber (BRANCO FILHO, 2008; PINTO; XAVIER, 2012):
   - Monitoramento subjetivo ou inspeção não instrumentada: utilizam visão, audição, tato e olfato para monitorar o equipamento. Quanto mais experiente a equipe, mais assertiva pode ser esta forma de monitoramento. É muito utilizado em empresas que têm manutenção autônoma.
   - Monitoramento objetivo ou medição de parâmetros: feita com base na utilização de equipamentos e/ou instrumentos.
4. Elaboração de um cronograma de manutenção preditiva.
5. Realização de ações de manutenção preditiva. Se for detectada alguma anormalidade, é necessário diagnosticar o problema quanto ao que o originou e quanto à gravidade do mesmo.
6. Controle de ações de manutenção preditiva realizadas: as manutenções preditivas auxiliam a definição da adoção de outras estratégias de manutenção, como as manutenções corretivas planejadas.
7. Gestão do conhecimento e identificação de ações de melhoria contínua.

De forma geral, a implantação as etapas para implantação da manutenção preditiva estão representadas na Figura 6.

Manutenção preditiva

- Identificar equipamentos
- Selecionar parâmetros
- Planejar recursos
- Elaborar cronograma
- Executar
- Controlar
- Registrar lições aprendidas

Figura 6. Etapas para implantação da manutenção preditiva.

Exercícios

1. Controlar a manutenção é importante para conhecer a situação atual e identificar potenciais pontos de melhoria. Custo é um indicador de desempenho importante. Sobre custos de manutenção, assinale a alternativa correta:

a) A análise dos custos diretos de manutenção, por si só, já indica se o indicador técnico gerencial custo apresenta desempenho adequado, uma vez que esse é o maior custo do setor.

b) Quanto maior o índice de manutenção preventiva, maior tendem a ser os custos indiretos do setor de manutenção.

c) O custo global de manutenção é o somatório exclusivo dos custos diretos e indiretos de manutenção.

d) Os custos de perda de produção são oriundos da redução de produtividade, independentemente das causas.

e) O excesso de manutenção preventiva onera o custo global de manutenção. Assim, uma boa estratégia pode ser a combinação de políticas de manutenção diferentes de acordo com a criticidade de cada equipamento.

2. Qual das opções a seguir mostra um exemplo de boas práticas e tendências de manutenção em relação à gestão de custos?
  a) Elaborar o orçamento do setor sem a intervenção ou participação de outros setores da indústria.
  b) Não são recomendados o acompanhamento e o controle dos custos para cada especificidade de manutenção (mecânica, elétrica, etc.).
  c) Os custos de manutenção de anos anteriores não contribuem com a previsão de custos para os próximos períodos, uma vez que o cenário econômico e a vida útil do equipamento se alteram.
  d) Realizar *benchmark* é uma estratégia adequada para aprender com as empresas que obtêm bons resultados e têm custos de manutenção otimizados.
  e) Deve-se buscar sempre o aumento da vida útil do equipamento por meio de atualização tecnológica. Considerando as grandes desvantagens da obsolescência, não é necessário despender recursos para fazer uma análise custo x benefício.

3. Em relação aos custos por tipo de manutenção, é correto afirmar que:
  a) a manutenção corretiva emergencial tem um custo de manutenção menor, pois utiliza o componente até o fim da vida útil.
  b) a manutenção preventiva é a que apresenta o menor custo de manutenção se comparada aos outros tipos, pois reduz consideravelmente os custos de perda de produção.
  c) uma boa prática de manutenção é a adoção de manutenção preditiva e, se necessário e possível, corretiva planejada. Essa estratégia pode contribuir com a redução do custo de manutenção.
  d) a manutenção preventiva apresenta um custo por potência instalada por ano maior que a manutenção corretiva não planejada.
  e) tanto a manutenção corretiva emergencial quanto a planejada não são vistas como satisfatórias pelas indústrias e ambas apresentam custo alto de manutenção.

4. Em relação aos custos de manutenção no Brasil, pode-se afirmar que:
  a) a maior parte dos custos está relacionada à contratação de serviços de terceiros necessários à manutenção.
  b) existe um equilíbrio entre os custos com pessoal e recursos materiais e ambos são os mais onerosos no processo de manutenção.
  c) cerca de 50% dos custos de manutenção estão relacionados às despesas com mão de obra, o que é mais comum em empresas que adotam estruturas descentralizadas de manutenção.
  d) Cerca de 40% dos custos de manutenção estão relacionados às despesas com materiais. Essas despesas são ainda maiores em empresas que investem mais em manutenção preventiva.

e) No Brasil, os únicos custos de manutenção são com pessoal, material e contratação de serviços de terceiros.

5. Em relação às etapas de implantação de manutenção preventiva e preditiva, pode-se afirmar que:

a) na estruturação da manutenção preventiva e preditiva, as primeiras etapas buscam identificar os ativos da indústria e conhecer seus comportamentos ao longo do tempo por meio de dados históricos e da experiência do operador.

b) o processo de implantação da manutenção preventiva inicia com a definição das ações de manutenção, pois a agilidade na tomada de decisão auxilia o processo de atuação antes da falha.

c) definir os parâmetros de monitoramento é uma das últimas etapas no processo de estruturação da manutenção preditiva.

d) estruturar essas políticas de manutenção é algo complexo e difícil, uma vez que a falha acontece de forma aleatória e ambas buscam atuar após a falha.

e) a estruturação da manutenção preditiva deve contemplar ações em todos os equipamentos da indústria, uma vez que todos os ativos possuem pelo menos um parâmetro passível de ser inspecionado e monitorado.

Referências

ASSOCIAÇÃO BRASILEIRA DE MANUTENÇÃO E GESTÃO DE ATIVOS. A situação da manutenção no Brasil: documento nacional. In: CONGRESSO BRASILEIRO DE MANUTENÇÃO E GESTÃO DE ATIVOS. 28., Salvador, 2013. *Dados...* Rio de Janeiro: ABRAMAN, 2013. Disponível em: <http://www.abraman.org.br/arquivos/403/403.pdf>. Acesso em: 07 jul. 2018.

ASSOCIAÇÃO BRASILEIRA DE NORMAS TÉCNICAS. *NBR 5462*. Confiabilidade e mantenabilidade. Rio de Janeiro: ABNT, 1994.

BRANCO FILHO, G. *Dicionário de termos de manutenção, confiabilidade e qualidade*. 4. ed. Rio de Janeiro: Ciência Moderna, 2008.

PINTO, A. K.; XAVIER, J. A. N. *Manutenção:* função estratégica. 4. Rio de Janeiro: Qualitymark, 2012.

Manutenção centrada em confiabilidade (MCC) e mantenabilidade

Objetivos de aprendizagem

Ao final deste texto, você deve apresentar os seguintes aprendizados:

- Identificar os componentes de um programa de manutenção centrada na confiabilidade (MCC) e os princípios utilizados.
- Descrever as etapas para análise pela manutenção centrada em confiabilidade (MCC) e implicações na mudança de princípios e filosofias nos sistemas de manutenção.
- Reconhecer o conceito, as características de mantenabilidade e o ciclo de vida de um sistema.

Introdução

Na visão tradicional de manutenção, todas as falhas são consideradas ruins e, assim, todas devem ser prevenidas. Essa filosofia não é realista por dois motivos (LAFRAIA, 2001): porque, tecnicamente, é impossível prever todas as falhas, sendo, portanto, impossível evitar todas elas; e porque atuar sobre todas as falhas pode não ser viável do ponto de vista financeiro.

Assim, percebe-se a necessidade de priorizar os esforços e a atuação da equipe de manutenção. Inevitavelmente, surgem questões como: quais falhas devem ser priorizadas? Quais são as ações de manutenção mais adequadas?

A manutenção centrada na confiabilidade (MCC) é um método que contribui para a priorização de esforços com o objetivo de permitir que os ativos possam desempenhar as funções necessárias, considerando o ambiente e o processo no qual os mesmos estão inseridos.

Neste capítulo, você conhecerá a MCC, os princípios utilizados, as etapas necessárias à sua implantação e aprenderá o que é mantenabilidade, suas características e o ciclo de vida de um sistema.

Componentes de um programa de manutenção centrada na confiabilidade (MCC) e os princípios utilizados

A manutenção passou por uma grande evolução ao longo do tempo, apresentando três gerações, conforme explicado a seguir (MOUBRAY, 1992; PINTO; XAVIER, 2001 apud RAPOSO, 2004).

1. Até a década de 1950 (1ª geração), a visão era a de deixar o ativo operar até quebrar. Considerava-se que a taxa de falhas era constante, aumentando apenas no fim da vida útil do equipamento. A estratégia mais adotada de manutenção era a corretiva.
2. Entre 1950 e 1970 (2ª geração), a visão era a de obtenção de maior disponibilidade, aumento da vida útil e custos mais baixos. Considerava-se que a taxa de falhas era alta no início, reduzia e alcançava estabilidade após a adaptação do equipamento ao contexto operacional e aumentava no final da vida útil (comportamento conhecido como curva da banheira). Eram feitas revisões geral programada do equipamento.
3. A partir de 1980 (3ª geração), a visão se tornou mais ampla e estratégica. Além da disponibilidade, começou a busca por confiabilidade, qualidade, saúde, segurança e maior efetividade no custo. A taxa de falhas podia comportar-se conforme seis padrões diferentes. As estratégias de manutenção começaram a ser baseadas na condição do equipamento. Ferramentas e softwares relacionados à manutenção foram desenvolvidos e começaram a ser cada vez mais utilizados pelas indústrias.

Na Figura 1 são apresentados os possíveis padrões de falha dos componentes ao longo do tempo, enquanto o Quadro 1 apresenta a evolução das gerações de manutenção.

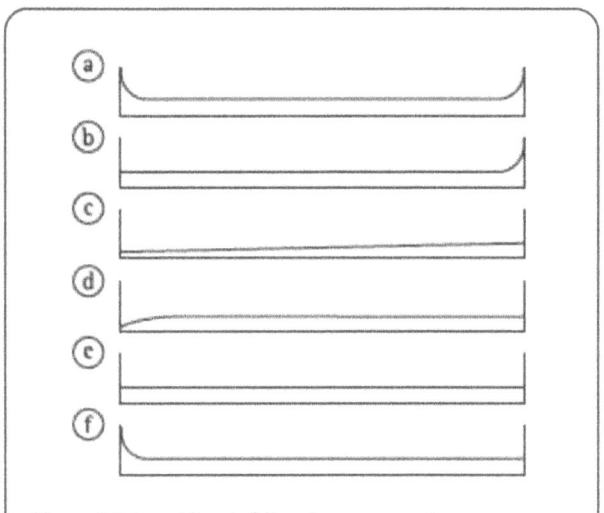

Figura 1. Seis padrões de falhas dos componentes.
Fonte: Adaptada de Moubray (1997 apud MENDES; RIBEIRO, 2011, p. 585).

Quadro 1. Gerações de manutenção

Anos	Geração	Expectativas	Visão de falha	Técnicas de manutenção
1940-1950	1	■ Reparar quando quebrar	■ Taxa de falha constante aumentando no fim da vida útil	■ Corretiva
1950-1970	2	■ Maior disponibilidade ■ Maior tempo de vida ■ Custos mais baixos	■ Curva da banheira	■ Revisão geral programada ■ Sistema para planejamento e controle dos trabalhos ■ Computadores grandes e lentos

(Continua)

(Continuação)

Quadro 1. Gerações de manutenção

Anos	Geração	Expectativas	Visão de falha	Técnicas de manutenção
1980-2000	3	▪ Disponibilidade e confiabilidade ▪ Segurança, qualidade, meio ambiente ▪ Tempo de vida ▪ Efetividade de custo	▪ Seis padões de falhas	▪ Monitoramento de condição ▪ Projetos para confiabilidade e mantenabilidade ▪ Análise de risco ▪ FMEA ▪ Computadores rápidos e pequenos ▪ Sistemas especialistas ▪ Equipes multidisciplinares

Fonte: Adaptado de Moubray (1992) e Pinto e Xavier (2001 apud RAPOSO, 2004).

A manutenção centrada na confiabilidade (MCC) surgiu, então, como uma evolução da manutenção que, em muitas indústrias, deixou de ser baseada no tempo para ser baseada na condição do equipamento. Está na terceira geração da manutenção e apresenta uma visão consideravelmente diferente do processo de manutenção se comparada com a manutenção tradicional.

O Quadro 2 apresenta as diferenças de perspectivas da manutenção tradicional e da MCC.

Quadro 2. Comparação da manutenção tradicional com a MCC

Característica	Manutenção tradicional	MCC
Foco	Equipamento	Função
Objetivo	Manter o equipamento	Preservar a função
Atuação	Componente	Sistema
Atividades	O que pode ser feito	O que deve ser feito
Dados	Pouca ênfase	Muita ênfase
Documentação	Reduzida	Obrigatória e sistemática
Metodologia	Empírica	Estruturada
Combate	Deterioração do equipamento	Consequências da falha
Normalização	Não	Sim
Priorização	Inexistente	Por função

Fonte: Siqueira (2005).

Entende-se como MCC um processo usado para determinar os requisitos para que os ativos continuem a cumprir suas funções requeridas no seu contexto operacional (MOUBRAY, 1996 apud PINTO; XAVIER, 2012). Neste conceito, dois termos merecem destaque:

- **Funções requeridas:** função ou conjunto de funções de um item que são consideradas necessárias para realizar um dado serviço (ASSOCIAÇÃO..., 1994).
- **Contexto operacional:** conjunto de elementos relacionados ao ambiente onde o ativo está instalado e sua utilização. Segundo Siqueira (2005) refere-se às condições físicas do ambiente físico e do processo, as quais podem modificar ou mesmo definir as funções desejadas para o sistema.

Os objetivos da manutenção sob a ótica da MCC são (IEC 60300-3-11, ATA MSG – 3 apud SIQUEIRA, 2005):

- preservar as funções dos equipamentos com a segurança exigida;
- restaurar sua confiabilidade e segurança projetada após deterioração;
- melhorar a disponibilidade;

- minimizar o custo do ciclo de vida;
- atuar conforme modos de falha;
- realizar apenas as atividades que precisam ser feitas;
- agir em função dos efeitos e consequências das falhas;
- documentar as razões para a escolha das atividades.

Trata-se de uma ferramenta de suporte à decisão gerencial (PINTO; XAVIER, 2012), uma vez que "[...] é um processo de análise e decisão que busca otimizar tarefas de manutenção" (JOHNSTON, 2002 apud RAPOSO, 2004, p. 26).

A questão central da MCC é: quais são as tarefas mais adequadas de manutenção para que os equipamentos desempenhem as funções requeridas, de acordo com a confiabilidade preestabelecida em determinado contexto operacional?

Segundo Lafraia (2001), o ganho maior da MCC é quando existe um excesso de manutenções preventivas ou grande histórico de manutenção corretiva, uma vez que a ferramenta contribui com a redução de manutenções preventivas desnecessárias e/ou para reduzir manutenções corretivas indesejáveis.

A MCC requer uma sequência de implementação. No entanto, para compreendê-la, é necessário conhecer alguns aspectos e conceitos relacionados à manutenção.

A MCC considera que a as manutenções podem ser programadas e não programadas e, de acordo com os objetivos, podem ser divididas em (SIQUEIRA, 2005):

- reativa: atuação após a falha;
- preventiva: atuação antes da falha;
- preditiva: monitoramento e inspeção dos equipamentos;
- produtiva: garantir maior utilização e produtividade dos equipamentos;
- proativa: experiência é utilizada para otimizar o processo e o projeto de novos equipamentos, buscando melhoria contínua;
- detectiva: identificar falhas ocultas.

Outro fato é que a MCC recorre ao uso de outras ferramentas para identificação das falhas, de suas causas e tratamento das mesmas, como a Análise de Modo e Efeito de Falha (FMEA), a Árvore de Falhas e a Análise Probabilística de Risco.

Para definir as ações de manutenção mais adequadas, a MCC procura conhecer as respostas corretas para sete questões, a saber (SIQUEIRA, 2005):

1. Quais são as funções a preservar? Identificar as funções requeridas e o desempenho esperado.
2. Quais são as falhas funcionais? Identificar a inabilidade do ativo, o que ele deixa de desempenhar.
3. Quais são os modos de falha? Identificar a forma como o ativo falha.
4. Quais são os efeitos das falhas? Listar os efeitos provocados por determinada falha.
5. Quais são as consequências das falhas? Identificar o que é afetado e qual é a gravidade de cada efeito de falha.
6. Quais são as tarefas aplicáveis e efetivas? A ideia é que nem todas as falhas devem ser evitadas. Assim, mostra-se necessário gerenciá-las.

As tarefas aplicáveis são dividas em:

- **Tarefas proativas:** tarefas programas sob condição, revisões e restaurações programadas.
- **Tarefas *default*:** manutenções detectivas, *redesign* do equipamento e manutenção corretiva (*run to failure*).

7. Quais são as alternativas restantes?

A MCC pode trazer uma série de benefícios para o sistema de produção, entre os quais destacam-se (LAFRAIA, 2001):

- Decréscimo do número de manutenções preventivas desnecessárias.
- Redução dos custos com manutenções programadas.
- Aumento da disponibilidade dos ativos.
- Aumento da vida útil dos equipamentos.
- Redução do número de peças sobressalentes.

Fique atento

A equipe de implantação da MCC deve ser multidisciplinar, tendo, no mínimo, pessoas da operação, manutenção, inspeção de equipamentos e segurança. O grupo deve ser pequeno, ter habilidades complementares, propósito comum, conjunto de objetivos de performance e responsabilidade mútua (PINTO; XAVIER, 2012).

Etapas para análise pela MCC e implicações na mudança de princípios e filosofias nos sistemas de manutenção

Organizar a implantação de um método por meio de uma estrutura lógica e sistemática facilita o processo. Assim, a MCC pode ser implementada por meio de um conjunto de etapas, apresentadas na Figura 2.

```
- Escolha do sistema
- Definição de fronteiras
- Definição de interfaces
         ⬇
- Definição das funções
- Análise das falhas funcionais
         ⬇
         FMEA
         ⬇
- Classificação das falhas
- Priorização
         ⬇
- Preparação do plano/programa
  de manutenção
```

Figura 2. Etapas do processo da MCC/RCM.
Fonte: Adaptada de Pinto e Xavier (2012).

A primeira etapa consiste em escolher o sistema a ser analisado, definir um limite de análise e conhecer as interfaces que esse sistema tem com outros sistemas. Em seguida, deve-se definir as funções a serem desempenhadas pelo equipamento na instalação para que a operação possa funcionar adequadamente e definir o padrão de desempenho esperado (se possível, quantificar por meio de indicadores). Então, pode-se fazer uma análise de falhas questionando: "Como o item pode falhar?"; "O que pode causar a falha?". A aplicação da Análise de Modo e Efeito de Falha (FMEA) pode auxiliar a estimar o risco de uma falha para auxiliar no processo de priorização. A FMEA avalia o risco de uma falha por meio da severidade, ocorrência e detecção da mesma. Após as falhas serem classificadas e priorizadas, deve-se elaborar o plano de manutenção.

A FMEA, ferramenta muito utilizada na implantação da MCC, busca auxiliar o processo de identificação e priorização das falhas por meio da estimativa do seu risco. A Figura 3 apresenta o formulário utilizado para aplicar a FMEA.

Descrição do produto/ processo	Função(ões) do produto	Tipo de falha potencial	Efeito de falha potencial	Causa da falha em potencial	Controles atuais	Índices				Ações de melhoria						
						S	O	D	R	Ações recomendadas	Responsável/ prazo	Medidas implantadas	Índices atuais			
													S	O	D	R

Figura 3. Modelo de FMEA.

Fonte: Toledo e Amaral (2017, documento on-line).

Percebe-se que a FMEA, inicialmente, faz a identificação do produto (ou do ativo, no caso da manutenção), de suas funções, falhas, efeitos e causas das falhas e faz uma estimativa de risco. Essa estimativa ocorre por meio da:

- **Severidade:** qual é a consequência da falha para o cliente interno, externo, para a empresa e para os critérios que são considerados importantes? Quanto maior a severidade, maior será o risco da falha.
- **Ocorrência:** qual é a frequência de acontecimento desta falha? Quanto maior a frequência, maior será o risco da falha.
- **Detecção:** quão difícil é detectar a ocorrência desta falha? Quanto mais fácil detectar a falha, menos o risco da mesma.

A FMEA auxilia no processo de priorização e, assim, permite concentrar esforços e definir a estratégia mais adequada de manutenção.

Para selecionar a estratégia mais adequada de manutenção, a MCC propõe alguns diagramas que podem auxiliar no processo de tomada de decisão. A Figura 4 apresenta um modelo de diagrama de decisão.

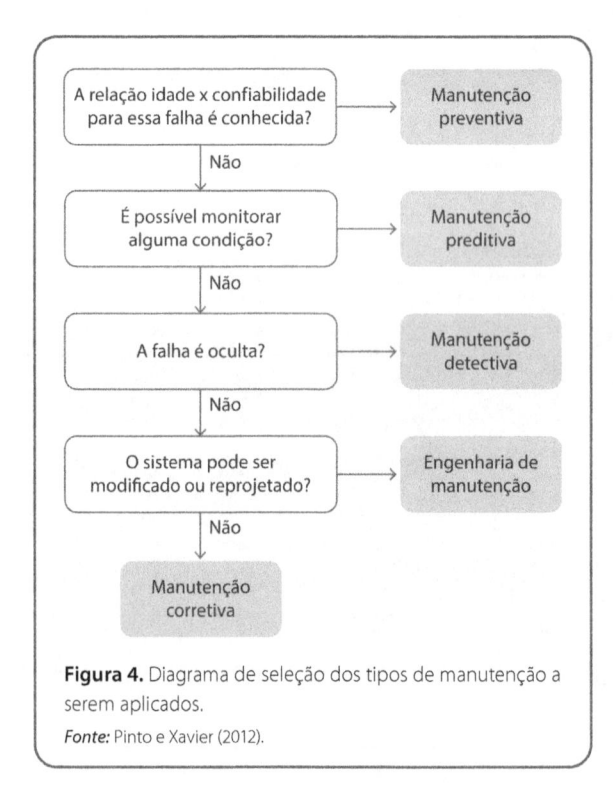

Figura 4. Diagrama de seleção dos tipos de manutenção a serem aplicados.
Fonte: Pinto e Xavier (2012).

Ao analisar a Figura 4, percebe-se que, em alguns momentos, a melhor opção é adotar a manutenção preventiva e, em outros, adotar manutenção preditiva, manutenção detectiva. Em determinadas situações, a engenharia de manutenção é mais adequada e, em outras, a opção a ser adotada deve ser a manutenção corretiva.

A identificação da estratégia mais adequada de manutenção pode tornar o plano de manutenção mais assertivo e permitir que a indústria possa usufruir dos benefícios da MCC.

Mantenabilidade, suas características e o ciclo de vida de um sistema

Nenhum sistema é isento de falhas, ou seja, os equipamentos precisarão, em algum momento, sofrer algum reparo, troca, restauração. A facilidade com que essas atividades são realizadas determina a mantenabilidade do sistema (LAFRAIA, 2001).

A mantenabilidade ou manutenabilidade, como também é conhecida, é conceituada como sendo a propriedade de um ativo ou de uma instalação de permitir um maior ou menor grau de facilidade na execução dos trabalhos de manutenção (PINTO; XAVIER, 2012). A NBR 5462 (ASSOCIAÇÃO..., 1994) define mantenabilidade "[...] como a capacidade de um item ser mantido ou recolocado em condições de executar suas funções requeridas, sob condições de uso especificadas, quando a manutenção é executada sob condições determinadas e mediante procedimentos e meios prescritos".

A facilidade de realizar os serviços de manutenção em um ativo é benéfica à manutenção e à produção. A primeira poderá beneficiar-se da redução do tempo médio de reparo e da otimização da utilização dos recursos de manutenção, enquanto a segunda contará com um ativo mais disponível para a operação. O desafio é que, muitas vezes, a mantenabilidade depende de alteração no projeto durante o processo de desenvolvimento do equipamento.

A mantenabilidade apresenta os seguintes objetivos (LAFRAIA, 2001):

- Otimizar o tempo e custo de manutenção já no projeto de desenvolvimento do equipamento.
- Estimar os tempos de manutenção em função da disponibilidade exigida/necessária.
- Estimar disponibilidade.
- Estimar os recursos necessários à manutenção.

Segundo Pinto e Xavier (2012), este indicador pode ser medido por meio da seguinte equação:

$$M(t) = 1 - e^{-\mu t}$$

Onde:

- $M(t)$ = é a função mantenabilidade, que representa a probabilidade de que o reparo comece no tempo t=0 e esteja concluído, satisfatoriamente, no tempo t (probabilidade da duração do reparo).
- e = base dos logaritmos neperianos (e = 2,303).
- μ = taxa de reparos ou número de reparos efetuados em relação ao total de horas de reparo do equipamento.
- t = tempo previsto de reparo.

Assim como outros aspectos e indicadores relacionados à manutenção, o setor precisa pensar em estratégias de melhoria contínua em relação à mantenabilidade. Segundo Pinto e Xavier (2012), os pontos de melhoria podem estar relacionados a requisitos qualitativos, quantitativos logísticos e capacitação do pessoal. O Quadro 3 apresenta cada um desses possíveis requisitos.

Quadro 3. Requisitos que influenciam na mantenabilidade

Requisitos	Descrições
Qualitativos	Facilidade de acesso
	Modularidade
	Padronização
	Intercambialidade
	Manobrabilidade
	Possibilidade de regulagem e ajustes
	Simplicidade de operação
	Necessidade de ferramentas e dispositivos especiais
	Visibilidade das partes que terão manutenção
	Peças e componentes standard
Quantitativos	Tempo médio para intervenções do tipo corretivo, preventivo e preditivo
	Tempos máximos admissíveis para os trabalhos típicos de manutenção
	Expectativa de recursos de manutenção
	Número médio e máximo de recursos técnicos necessários em cada intervenção
	Tempo médio e máximo de indisponibilidade
	Tempo de manutenção por cada novo produto
	Expectativa de consumo de componentes
	Quantidade recomendada de sobressalentes em estoque
Suporte logístico	Providenciar aquilo que se necessita, no momento adequado e no local apropriado, de tal modo que a disponibilidade do sistema seja mantida
Capacitação do pessoal	Dotar a equipe de capacitação necessária para realizar os serviços com qualidade, no menor tempo necessário

Fonte: Pinto e Xavier (2012).

A mantenabilidade de um sistema é fortemente impactada pelo projeto que determina aspectos como acessibilidade, facilidade de teste e diagnose, requisito de calibração, lubrificação e outras ações de manutenção (LAFRAIA, 2001). Ainda, as decisões tomadas nos primeiros estágios de especificação do projeto do produto têm um impacto significativo nos custos. Quanto mais tarde as decisões forem tomadas, sobretudo na instalação e na operação, maior será o dispêndio (PINTO; XAVIER, 2012).

Ciclo de vida de um sistema

O ciclo de vida é o período compreendido pela pesquisa e pelo desenvolvimento até o fim da vida útil do sistema. Nesse período, o sistema passa pelas fases de projeto, detalhamento e desenvolvimento, produção, operação e fim da vida útil (LAFRAIA, 2001).

Branco Filho (2008) define ciclo de vida como o tempo durante o qual um item mantém sua capacidade de desempenhar as funções requeridas. Esse conceito é menos abrangente e considera, então, que o ciclo de vida se inicia após o ativo estar pronto para atuar no processo produtivo.

A Figura 5 apresenta as fases do ciclo de vida de um sistema.

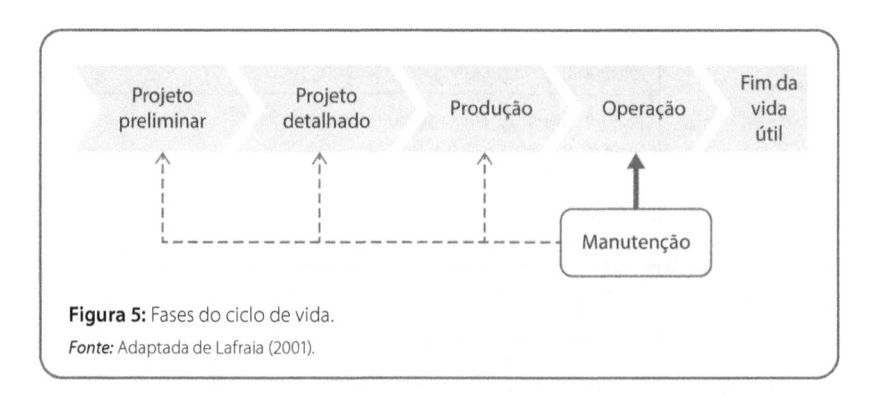

Figura 5: Fases do ciclo de vida.
Fonte: Adaptada de Lafraia (2001).

Na fase de projeto preliminar, a função global do equipamento, ou seja, a função requerida do ativo, é identificada e subdividida em funções parciais. Para cada função parcial, é dada uma subsolução, e o conjunto de todas as subsoluções gerarão alternativas para o desempenho da função global do equipamento.

Posteriormente, no projeto detalhado, são definidos os sistemas, subsistemas e componentes do equipamento, suas especificações, medidas e tolerâncias. Também se define a interação entre todos os itens do sistema e *mockups* e protótipos são elaborados e testados. Após aprovação, os equipamentos são produzidos de acordo com o volume e quantidade determinados.

O cliente, de posse do equipamento, colocará o mesmo para operar em determinado contexto operacional. É nessa etapa que a manutenção realizará seus trabalhos de reparos, trocas, restaurações, monitoramentos e outros. Após determinado período de uso, o equipamento chegará ao final de sua vida útil. A manutenção deve participar de todas as etapas do processo de desenvolvimento do produto, e a mantenabilidade pode ser favorecida quando a manutenção participa das fases iniciais do ciclo de vida. A participação da manutenção pode contribuir, também, com a otimização dos custos, que são comprometidos, em grande parte, também na fase inicial.

A seguir, estão descritos os custos de cada etapa do ciclo de vida (LAFRAIA, 2001).

- Custo de pesquisa e desenvolvimento: custo da análise de viabilidade técnica e financeira, análise do sistema, projeto básico de detalhamento, desenvolvimento do produto, fabricação de protótipos, testes dos protótipos, avaliação inicial, documentação associada.
- Custo de produção: custo de produzir, montar e testar o sistema de produção, construir a fábrica, adquirir equipamentos, sobressalentes.
- Custo de operação e manutenção: custo da operação e manutenção do sistema durante a sua vida programada, incluindo pessoal de manutenção, peças de reposição, equipamentos de suporte e teste, programas de gerenciamento, oficinas, etc.
- Custo para disposição no final da vida útil: custo para substituição do sistema e/ou seus componentes devido à obsolescência ou ao desgaste — incluídos custos com reciclagem dos materiais ou sua armazenagem em local adequado.

Exercícios

1. A manutenção centrada em confiabilidade (MCC) é um método de manutenção que busca identificar as tarefas adequadas de manutenção para manter o ativo desempenhando sua função requerida, considerando o contexto operacional. Em relação a este método de manutenção, assinale a alternativa correta:
   a) A MCC dá ênfase maior à manutenção preventiva, pois considera que essa política é a mais adequada, uma vez que atua antes da falha e traz uma série de vantagens para a indústria.
   b) A MCC dá ênfase maior à manutenção preditiva, pois, ao monitorar a condição do equipamento, permite prever determinadas falhas e definir o modo mais adequado de atuação.
   c) Este método de manutenção não considera a possibilidade de adoção da manutenção detectiva, pois considera que, para evitar falhas ocultas, deve-se adotar manutenção preventiva baseada no tempo.
   d) A MCC utiliza diagramas para auxiliar no processo de tomada de decisão e, dependendo da situação, a decisão pode estar relacionada à adoção de manutenção preventiva, preditiva, detectiva, engenharia de manutenção ou manutenção corretiva.
   e) A MCC considera adequado optar pela engenharia de manutenção quando existe conhecimento da relação entre idade e confiabilidade da falha.

2. A Análise de Modo e Efeito de Falha (FMEA) é uma ferramenta utilizada durante uma etapa de implantação da MCC para auxiliar na classificação e priorização das falhas. Sobre esta ferramenta, é correto afirmar que:
   a) essa ferramenta não recorre ao uso de outras para auxiliar no processo de identificação do modo, das causas e da ocorrência da falha.
   b) o objetivo da FMEA é quantificar o risco de uma falha e priorizar aquelas que obtiverem maior risco, considerando determinado contexto operacional.
   c) o risco de uma falha é estimado por meio dos índices de severidade, detecção e gravidade de uma falha.
   d) quanto mais fácil detectar uma falha, maior será o valor atribuído ao índice detecção e, assim, maior será o risco da falha.
   e) a FMEA prioriza exclusivamente as falhas que obtiverem maior risco, não considerando exceções relacionadas aos índices considerados para estimá-lo.

3. As perguntas a serem respondidas ao implantar a MCC são:
   a) Quais são as funções a preservar? Quais são as falhas funcionais? Quais são os modos de falha? Quais são os efeitos das falhas? Quais são as consequências das falhas? Quais são as tarefas aplicáveis e efetivas? Quais são as alternativas restantes?
   b) Quais são as funções a preservar? Quais são as falhas funcionais? Quais são os tipos de falha? Quais são os efeitos das falhas? Quais são

as causas das falhas? Quais são as tarefas aplicáveis e efetivas? Quais são as alternativas restantes?
c) Quais são as funções básicas e secundárias do ativo? Quais são as falhas funcionais? Quais são os modos de falha? Quais são as causas das falhas? Quais são as consequências das falhas? Quais são as tarefas aplicáveis e efetivas? Quais são as alternativas restantes?
d) Quais são as funções a preservar? Quais são as falhas potenciais? Quais são os modos de falha? Quais são os efeitos das falhas? Quais são as consequências das falhas? Quais são as tarefas preventivas? Quais são as alternativas restantes?
e) Quais são as funções queridas? Quais são as falhas funcionais? Quais são os modos de falha? Quais são os efeitos das falhas? Qual é a gravidade das falhas? Quais são as tarefas preditivas aplicáveis? Quais são as alternativas restantes?

4. Em relação ao indicador mantenabilidade, pode-se afirmar que:
a) quanto maior o tempo previsto de reparo, menor a probabilidade de que o reparo comece no tempo t = 0 e esteja concluído, satisfatoriamente, no tempo t.
b) quanto maior a taxa de reparos, menor a probabilidade de que o reparo comece no tempo t = 0 e esteja concluído, satisfatoriamente, no tempo t.
c) a probabilidade que o reparo obedeça a um tempo preestabelecido depende da taxa de reparos e do tempo médio entre falhas de um ativo.
d) o ideal para os setores de produção e manutenção é que o valor da mantenabilidade, quando quantificado, seja o menor possível.
e) a mantenabilidade depende da taxa de reparos e do tempo previsto de reparo; quanto maiores esses dois, maior a probabilidade de que o reparo comece no tempo t = 0 e esteja concluído satisfatoriamente no tempo t.

5. O ciclo de vida de um equipamento compreende as etapas que esse passa desde a fase de projeto preliminar até o fim da vida útil. Sobre o ciclo de vida, pode-se afirmar que:
a) é composto pelas etapas de projeto preliminar, projeto detalhado, produção, operação e fim da vida útil e, em todas as etapas, o ativo apresenta um custo para o sistema.
b) as decisões tomadas no início do ciclo de vida têm pouco impacto no custo, pois, nessa etapa, é elaborado o projeto preliminar do equipamento e alterações podem ser feitas em fases posteriores.
c) a atuação da manutenção é mais efetiva na etapa de produção do equipamento, na qual deixa de ser um projeto e torna-se algo tangível para a empresa.
d) a etapa de projeto detalhado é feita pelos desenvolvedores e fornecedores do equipamento e, assim, o setor de manutenção não deve participar desse estágio.
e) ao ser introduzido na fase de fim da vida útil, o ativo não gera mais custos significativos para a manutenção.

Referências

ASSOCIAÇÃO BRASILEIRA DE NORMAS TÉCNICAS. *NBR 5462*. Confiabilidade e mantenabilidade. Rio de Janeiro: ABNT, 1994.

BRANCO FILHO, G. *Dicionário de termos de manutenção, confiabilidade e qualidade*. 4. ed. Rio de Janeiro: Ciência Moderna, 2008.

LAFRAIA, J. R. B. *Manual de confiabilidade, mantenabilidade e disponibilidade*. Rio de Janeiro: Qualitymark, 2001.

MENDES, A. A.; RIBEIRO, J. L. D. Um estudo do suporte quantitativo necessário para a operacionalização da MCC. *Produção*, v. 21, n. 4, p. 583-593, out./dez. 2011. Disponível em: <http://www.scielo.br/pdf/prod/v21n4/AOP_T6_0002_0306.pdf>. Acesso em: 09 jul. 2018.

PINTO, A. K.; XAVIER, J. A. N. *Manutenção*: função estratégica. 4. ed. Rio de Janeiro: Qualitymark, 2012.

RAPOSO, J. L. O. *Manutenção centrada em confiabilidade aplicada a sistemas elétricos:* uma proposta para uso de análise de risco no diagrama de decisão. 2004. 149 f. Dissertação (Mestrado em Engenharia Elétrica) - Universidade Federal da Bahia, Salvador, 2004. Disponível em: <http://centralmat.com.br/Artigos/Mais/ManutEletricaAnaliseRisco.pdf>. Acesso em: 09 jul. 2018.

SIQUEIRA, I. P. *Manutenção centrada na confiabilidade*: manual de implementação. Rio de Janeiro: Qualitymark, 2005..

TOLEDO, J. C.; AMARAL, D. C. *FMEA - Análise do tipo e efeito de falha*. 2017. Disponível em: <http://www.gepeq.dep.ufscar.br/arquivos/FMEA-APOSTILA.pdf>. Acesso em: 09 jul. 2018.

UNIDADE 2

Manutenção de equipamentos e instalações

Objetivos de aprendizagem

Ao final deste texto, você deve apresentar os seguintes aprendizados:

- Descrever o plano de manutenção de equipamentos e instalações.
- Diferenciar os tipos de manutenção aplicados em equipamentos e instalações.
- Reconhecer o custo da manutenção e sua importância nos equipamentos de medição.

Introdução

Planejar consiste em definir um conjunto coordenado de ações a serem feitas para alcançar determinado objetivo e envolve responder as seguintes questões: o quê? Como? Quando? Quem? Quanto? Onde? Por quê?

Planejar a manutenção é importante para definir os serviços adequados a serem realizados por pessoas capacitadas, em momentos apropriados, a um custo aceitável e, assim, gerar resultados satisfatórios para a organização. O plano de Manutenção deve contemplar todos os ativos da indústria, como as máquinas responsáveis pela operação, os equipamentos de medição utilizados para monitorar parâmetros e apresentar a condição de determinado ativo e outros componentes da instalação. Um desafio ao elaborar o plano de manutenção de uma empresa é a definição da estratégia de manutenção mais adequada. Muitas empresas consideram apenas três tipos básicos de manutenção (corretiva, preventiva e preditiva). No entanto, existem outras estratégias de manutenção que podem ser mais adequadas em determinados ativos, como a manutenção detectiva.

Neste capítulo, você conhecerá os itens que compõem um plano de manutenção, aprenderá sobre a estratégia de manutenção detectiva, descobrindo a diferença desta para as manutenções preventivas e preditivas, identificará os custos de manutenção e a importância da manutenção para equipamentos de medição.

Plano de manutenção de equipamentos e instalações

Equipamentos são todos os ativos que compõem a empresa e que podem, em determinado momento, passar pelo processo de manutenção. Instalações são os pontos onde estão as oficinas de reparo e os locais base de manutenção (BRANCO FILHO, 2008).

O plano de manutenção dos equipamentos e instalações é o documento que contém um conjunto coordenado de ações e tarefas de manutenção visando alcançar os objetivos estratégicos definidos pela indústria (BRANCO FILHO, 2008). Ele deve estar voltado à solução de problemas da produção, por meio da proposição e implementação da melhor alternativa para os ativos e instalações, de forma a contribuir com o aumento da competitividade da empresa.

A construção do plano de manutenção é uma etapa fundamental, independentemente do porte e tamanho da empresa, do seu grau de automação, da complexidade e do tamanho do serviço de manutenção. Pode ser feita em pouco tempo, quando, por exemplo, trata-se de tarefas de manutenção nas quais existe um padrão definido pela própria reprodução dos serviços, ou em longo tempo, quando os serviços são complexos, não repetitivos ou quando se trata de longas paradas (PINTO; XAVIER, 2012).

O Quadro 1, a seguir, apresenta as ações necessárias à elaboração de um plano de manutenção.

Quadro 1. Ações para elaboração do Plano de Manutenção

	Ações			
	Planejamento	Microdeta-lhamento	Orçamen-tação	Facilitação
Descrição	Detalhamento de: - serviços - tarefas - recursos necessários - tempo estimado - dependência entre as tarefas	Definir máquinas e ferramentas que podem constituir gargalos na cadeia de programação	Realizar orçamentação e apropriação de custos	Identificar ações que podem tornar o serviço mais fácil

Fonte: Adaptado de Pinto e Xavier (2012).

As ações para elaboração do plano de manutenção consistem em planejar, microdetalhar, orçamentar e facilitar. A seguir, estão as descrições do que compõe cada uma dessas etapas (PINTO; XAVIER, 2012):

1. **Planejar:** é necessário detalhar os serviços que serão realizados, listar as tarefas que compõem cada um desses serviços, prever os recursos materiais e humanos necessários, o tempo estimado para cada uma delas e definir a relação de dependência entre as tarefas.
2. **Microdetalhar:** deve-se detalhar e incluir todas as ferramentas e máquinas utilizadas pela manutenção que podem constituir gargalos ou caminhos críticos na cadeia da programação dos seus serviços.
3. **Orçamentar:** estabelecer os valores relacionados ao serviço (recursos humanos, hora/máquina, materiais). O custo é utilizado tanto pela área contábil da empresa quanto pelo setor de manutenção, inclusive para planejamentos futuros.
4. **Facilitar:** o objetivo desta etapa é aumentar a produtividade do setor. Assim, sugere-se que seja feita uma análise prévia do serviço a ser executado, fornecendo informações básicas aos executantes, de modo que eles não percam tempo indo e vindo ao local de trabalho. Deve-se analisar ferramentas necessárias, facilidades existentes no local de serviço, aspectos ligados à segurança, dados sobre o equipamento, recomendações especiais.

O modelo de estruturação do plano de manutenção deve contemplar os seguintes itens em forma de formulário:

- equipamento;
- serviço;
- tarefa;
- dependência;
- recursos humanos;
- recursos materiais;
- duração;
- quando.

Para estruturar o plano de manutenção conforme esse documento, é necessário seguir os passos a seguir.

1. Identificar o equipamento.
2. Definir o(s) serviço(s) a ser(em) realizado(s).
3. Descrever todas as tarefas necessárias para a conclusão do serviço.
4. Definir a dependência entre as tarefas para definir a ordem de execução.
5. Identificar a competência relacionada ao recurso humano necessário para cada tarefa.
6. Definir a quantidade de cada recurso humano.
7. Definir os recursos materiais necessários à conclusão da tarefa.
8. Definir a quantidade de cada recurso material.
9. Estimar a duração de cada tarefa.

Segundo Branco Filho (2008), a elaboração do plano de manutenção é importante para que os serviços ocorram dentro dos parâmetros aceitáveis e desejados de tempo, risco de acidentes, uso de recursos, custo, entre outros. Ainda de acordo com o autor, o plano pode ser:

- **manual:** comum em empresas menores, com recursos escassos. Neste caso, são utilizados formulários. É necessário arquivá-los adequadamente e saber lidar com os papéis para apuração de dados e resultados que possam orientar a tomada de decisão.
- **informatizado:** fazer uso de programas de computador para auxiliar no processo.

A compra de um *software* de manutenção é uma decisão importante, uma vez que promove uma série de modificações na rotina de manutenção, inclusive, no plano de manutenção. Além disso, envolve investimento inicial, alocação de recursos internos para implantação, ou seja, precisa ser uma aquisição bem feita (PINTO; XAVIER, 2012).

Existem inúmero *softwares* no mercado que precisam ser criteriosamente avaliados para a seleção do mais adequado à sua empresa. No que se refere ao plano de manutenção, Adamatti, engenheiro da Petrobras, sugere que sejam avaliados os seguintes parâmetros (PINTO; XAVIER, 2001):

- resposta para as questões: o serviço pode ser subdividido em etapas? Existe conceito de dependência entre as tarefas?
- associação de serviço com procedimento ou padrões;
- detalhamento da necessidade de mão de obra, materiais e ferramentas;
- definição de serviços de apoio e instruções complementares;
- possibilidade de especificar data para início e término do serviço e etapa;
- facilidade de orçamentação;
- atribuição de responsabilidades;
- recursos adicionais que enriqueçam o plano;
- capacidade de planejar subprojetos.

O plano de manutenção, ao permitir a estruturação lógica dos serviços e tarefas, contribui com o aumento da assertividade das ações de manutenção. No entanto, é necessário tomar alguns cuidados. Branco Filho (2008) destaca algumas causas comuns de insucessos no plano de manutenção, como:

- duplicidade de atribuições;
- descrição não clara da tarefa solicitada;
- tempo insuficiente para elaboração do plano.

Manutenção detectiva e suas diferenças em relação à preditiva e preventiva

As manutenções podem ser classificadas em ações planejadas e não planejadas, conforme ilustrado na Figura 1.

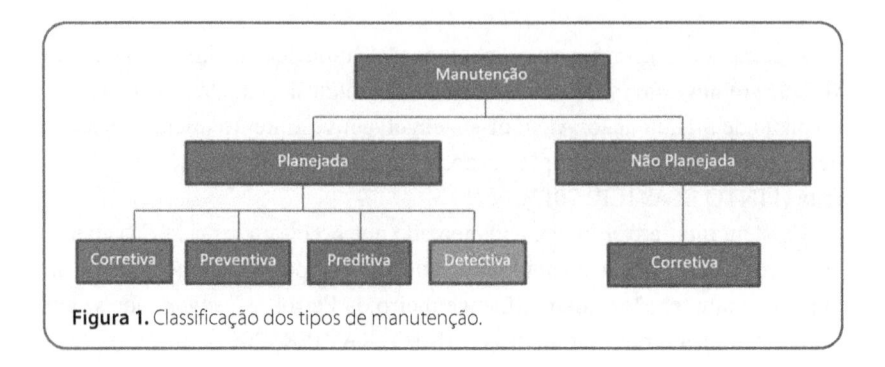

Figura 1. Classificação dos tipos de manutenção.

Quando se fala em manutenção planejada, aborda-se muito as estratégias de manutenção corretiva, preventiva e preditiva, comumente conhecidas e aplicadas nas indústrias. No entanto, existe outro tipo de manutenção, ainda pouco falado e discutido, que surgiu na década de 1990 e é muito importante para a confiabilidade e disponibilidade dos ativos, a denominada manutenção detectiva.

A manutenção detectiva pode ser definida como "[...] atuação efetuada em sistemas de proteção, buscando detectar FALHAS OCULTAS ou não perceptíveis ao pessoal de operação e manutenção" (PINTO; XAVIER, 2012).

Siqueira (2005) relata que a manutenção detectiva busca identificar falhas que já tenham acontecido, mas que não sejam percebidas. Geraghety, citado por Morengui (2005), afirma que a manutenção detectiva é o tipo de manutenção adequado para os ativos que não são atendidos por outras formas de manutenção e que só precisam operar em determinadas situações e, assim, não é possível saber se estão em estado de falha.

Espinosa (2004), citado por Bristot (2012), considera como manutenção detectiva a atuação em sistemas de proteção ou de comando com o objetivo de identificar falhas ocultas. O autor relata que este tipo de manutenção também é conhecido como Teste para Detecção de Falhas (TDF) e consiste na inspeção de falhas ocultas em intervalos regulares para verificar se há falhas e recondicioná-las se for o caso.

Nos conceitos supracitados, podem ser identificadas três características recorrentes que resumem a manutenção detectiva:

a) busca identificar falhas ocultas;
b) atua em sistemas de proteção;
c) realiza-se em intervalos regulares.

A principal consequência de uma falha oculta é ampliar o risco de falhas múltiplas. O objetivo de um programa de manutenção de falhas ocultas é, pelo menos, reduzir o risco de falhas múltiplas. A probabilidade de ocorrência de uma falha múltipla pode ser mensurada por meio da seguinte expressão (LAFRAIA, 2001):

$$\text{Probabilidade de falha múltipla} = \text{probabilidade de falha da função protegida} \times \text{tempo indisponível do dispositivo de proteção}$$

Como trata-se de uma manutenção planejada, a manutenção detectiva consiste em verificações periódicas. Definir essa periodicidade é um desafio, uma vez que as falhas ocultas acontecem aleatoriamente. Assim, quando o tempo médio entre falhas é desconhecido, recomenda-se que as detecções sejam feitas com maior frequência, para reduzir a probabilidade de ocorrência de falhas no intervalo entre as verificações (BRISTOT, 2012).

A grande questão da manutenção detectiva é: será que os sistemas de proteção e controle ainda estão funcionando? Algumas vezes, a manutenção detectiva é confundida com outras estratégias de manutenção planejada. A maior diferença entre a manutenção detectiva e a preditiva é que, enquanto a primeira busca inspecionar e identificar as falhas ocultas, a segunda busca monitorar parâmetros dos equipamentos.

Assim, a manutenção preditiva pode apresentar indícios de que a falha está prestes a ocorrer e, até mesmo, orientar quanto ao tempo de ocorrência da falha, enquanto a detectiva vai indicar se a falha oculta já ocorreu ou não. Além disso, a manutenção detectiva é comum em sistemas com alto índice de automação e exige maior agilidade no processamento de informações. As duas estratégias de manutenção podem ser combinadas com a manutenção corretiva programada.

Em relação à manutenção preventiva, a maior diferença é que, enquanto a detectiva verifica a existência falhas ocultas, a manutenção preventiva atua antes da falha por meio da realização dos reparos, das trocas e restaurações. O Quadro 2, a seguir, apresenta as maiores diferenças e semelhanças entre as manutenções detectiva, preventiva e preditiva.

Quadro 2. Diferenças e semelhanças entre as manutenções detectiva, preventiva e preditiva

Características	Tipos de manutenções		
	Detectiva	Preditiva	Preventiva
Momento de atuação	Antes e após a falha	Antes da falha	Antes da falha
Objetivo	Inspecionar e identificar falhas ocultas	Monitorar parâmetros	Reduzir a incidência da falhas
Ativos	Sistemas de proteção e controle	Qualquer ativo que tenha parâmetro de monitoramento	Qualquer ativo
Periodicidade	Regular/contínua	Regular	Regular
Responsável	Especialistas de manutenção com assessoria da operação	Operador e equipe de manutenção	Operador e equipe de manutenção
Consequência	Pode gerar programação de parada	Pode gerar programação de parada	Consiste na parada

Analisando o Quadro 2, percebe-se que a manutenção detectiva pode acontecer antes ou após a ocorrência da falha oculta, é focada em sistemas de proteção e controle, acontece periodicamente e deve ser feita por especialistas de manutenção auxiliados pelo pessoal da operação. Esses especialistas, muitas vezes, conseguem solucionar o problema sem a necessidade de parar a operação; no entanto, caso necessário, pode-se gerar uma programação de parada.

A implantação da manutenção detectiva pode ser estruturada por meio de etapas, conforme explicitadas na Figura 2.

Figura 2. Etapas para elaboração da manutenção detectiva.

As etapas para implantação da manutenção detectiva são:

- identificar os sistemas de proteção da planta;
- selecionar os itens que devem passar por testes para identificação de falhas ocultas;
- definir os testes a serem realizados;
- alocar mão de obra à tarefa;
- definir prazos e elaborar um cronograma;
- fazer testes e detecções;
- caso seja identificada falha oculta, planejar as ações de manutenção (provavelmente uma manutenção corretiva programada);
- registrar as lições aprendidas.

A manutenção detectiva contribui com o aumento da confiabilidade e segurança operacional dos sistemas e ganhou maior importância com o aumento da automação, da utilização de instrumentação de comandos e controle nas indústrias. Como exemplo de ativos que adotam esta estratégia de manutenção, pode-se citar: geradores, alarmes, dispositivos sonoros, válvulas de proteção, entre outros.

> **Saiba mais**
>
> Com os avanços tecnológicos e a maior utilização de computadores digitais em instrumentação e controle de processo nos mais diversos tipos de plantas industriais, as máquinas, os equipamentos, instalações e até mesmo plantas inteiras estão protegidos contra falhas e suas consequências (PINTO; XAVIER, 2001). Isso foi possível com o advento dos sistemas de aquisição de dados, controladores lógicos programáveis, Sistemas Digitais de Controle Distribuído, *multi-loops* com computador supervisório e outra infinidade de arquiteturas (JARDIM, 1993 apud PINTO; XAVIER, 2001).

Custo na manutenção e importância da manutenção nos equipamentos de medição

Quanto se gasta em manutenção? Essa é a pergunta feita pela maioria dos gestores de manutenção, de maneira que custo é um indicador importante de ser monitorado e controlado.

O gasto nas instalações de uma indústria é dividido, basicamente, em três parcelas (BRANCO FILHO, 2008):

1. despesas de instalação;
2. despesas com o equipamento instalado;
3. tecnologia ou conhecimento adequado para fazer o equipamento operar de modo correto.

Grande parte das despesas com o equipamento instalado recai em custos de manutenção, de modo que nenhuma ação de manutenção deve ser realizada se não estiver financeiramente respaldada. Além disso, não deve ser considerado apenas o custo do reparo, mas também os custos de perda de produção, de perda de matéria-prima, de indenizações por acidentes, poluição ambiental (sonora, luminosa e do ecossistema), perturbação da vida de vizinhos e da comunidade, perda de vida dos colaboradores e usuários (BRANCO FILHO, 2008).

Segundo Zen (2008), o custo de manutenção é um dos principais indicadores do serviço de manutenção e pode ser quantificado pelo somatório dos custos de intervenção de manutenção (recursos materiais, sobressalentes e mão de obra), custos próprios da equipe de manutenção (treinamento) e os custos de perdas de produção. As empresas tendem a acompanhar apenas os custos de intervenção, mas devem acompanhar o custo global.

Assim sendo, de forma geral, o custo de manutenção pode ser representado por:

Custo global de manutenção
=
Custo direto + Custo indireto + Custo de perda de produção + Custo de efeitos da manutenção inadequada

Onde:

- Custo direto: custo com a realização dos serviços de manutenção (mão de obra, materiais, terceirização).
- Custo indireto: custo com a estrutura gerencial, trabalhos administrativos e estudos de melhorias.
- Custo de perda de produção: custo relacionado a perdas de produção cuja causa esteja relacionada aos problemas de manutenção.
- Custo dos efeitos da manutenção inadequada: custo com danos causados ao meio ambiente, indenizações, entre outros cuja causa esteja relacionada a um problema de manutenção.

Já Kardec (2002) propõe que os custos na manutenção sejam representados por meio da expressão abaixo:

$$Cman = CMat + CMo + CFer + Cinv$$

Onde:

- $Cman$ = custos totais de manutenção.
- $CMat$ = custos com materiais.
- CMo = custos com mão-de-obra.
- $CFer$ = custos com ferramental.
- $Cinv$ = custos com investimentos ou falhas.

Dentre os custos que compõem o custo global de manutenção, os custos diretos são muito significativos. É fundamental orçar e analisar os custos de cada ação de manutenção, com o objetivo buscar otimizá-los. A seguir, são apresentadas algumas ações que podem contribuir com a análise e quantificação dos custos e para orçar atividades de manutenção:

- identificar as trocas, reparos e restaurações necessários.
- identificar e quantificar os itens e serviços relacionados.
- cotar o valor dos itens e serviços.
- elaborar o orçamento final.

O grande desafio para as empresas é definir as estratégias de manutenção adequadas, ou seja, aquelas que trazem os resultados satisfatórios para o sistema de produção sem onerar demasiadamente os custos de manutenção. Sabe-se, por exemplo, que garantir 100% de disponibilidade dos ativos requer altos investimentos em manutenção. Assim surge a questão: qual é a disponibilidade ótima dos ativos que contribui com o aumento da lucratividade da organização? A Figura 3 indica que o ponto ótimo de disponibilidade é identificado quando o custo de manutenção oferece um nível de disponibilidade que ofereça a geração de lucro máximo à operação.

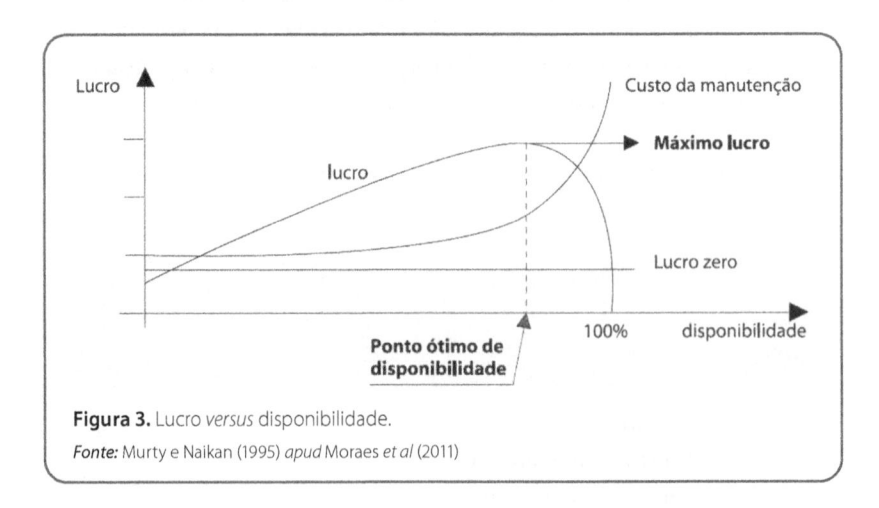

Figura 3. Lucro *versus* disponibilidade.
Fonte: Murty e Naikan (1995) *apud* Moraes *et al* (2011)

No Brasil, de acordo com o último levantamento feito pela ABRAMAN, em 2013, o custo total de manutenção representava quase 5% do faturamento anual. A manutenção influencia diretamente na produtividade da empresa e, assim, seu custo contribui com a determinação do custo real do produto final e, consequentemente, com a lucratividade da organização.

No entanto, a alocação de determinados custos aos produtos exige a adoção de um sistema de custeio adequado. Segundo Kaplan & Bruns (1987) apud Araújo Júnior et. al. (2009), os sistemas clássicos de custeio não são capazes de avaliar efetivamente os custos reais de produção e os custos dos serviços relacionados, o que dificulta o processo de tomada de decisão pelos gestores. Ainda segundo os autores, o sistema de custeio ABC pode ser adequado para manutenção e apresenta resultados mais precisos e confiáveis uma vez que busca identificar relações entre causa e efeito entre atividades e consumo de recursos para, assim, alocá-los adequadamente aos produtos. Uma vez identificados os custos das atividades, o custo de cada uma é atribuído aos produtos de acordo com o consumo desta pelos mesmos.

Link

O custeio ABC (Custeio Baseado em Atividades) é um método que permite alocar, com maior exatidão, as despesas e os custos indiretos a produtos e serviços. No link a seguir você poderá analisar a aplicação deste método para o cálculo de custos de manutenção de ferramentas de perfuração de postos de petróleo.

https://goo.gl/WtDbEP

A busca por estratégias que contribuam com a redução dos custos de manutenção tem sido constante nas organizações. No entanto, essa busca deve considerar que os ativos estão em determinado sistema de produção e precisam apresentar desempenho satisfatório para contribuir com o alcance dos objetivos organizacionais. Algumas práticas que podem contribuir com a redução dos custos de manutenção estão ilustradas na Figura 4.

Figura 4. Práticas que podem contribuir com a redução dos custos de manutenção.

Práticas apresentadas na figura:
- Planejar, organizar e controlar a manutenção
- Capacitar e treinar a equipe
- Utilizar metodologias adequadas (TPM, MCC)
- Utilizar ferramentas apropriadas (FMEA, FMECA, árvore de falhas)
- Reduzir o índice de manutenções emergenciais
- Adotar Engenharia de Manutenção
- Utilizar tecnologia da informação para auxiliar na elaboração e execução do plano de manutenção
- Gerenciar os estoques de sobressalentes
- Desenvolver bons fornecedores
- Realizar *benchmark* e adotar estratégias de melhoria contínua
- Manter histórico de ocorrências e ações
- Gerenciar o conhecimento

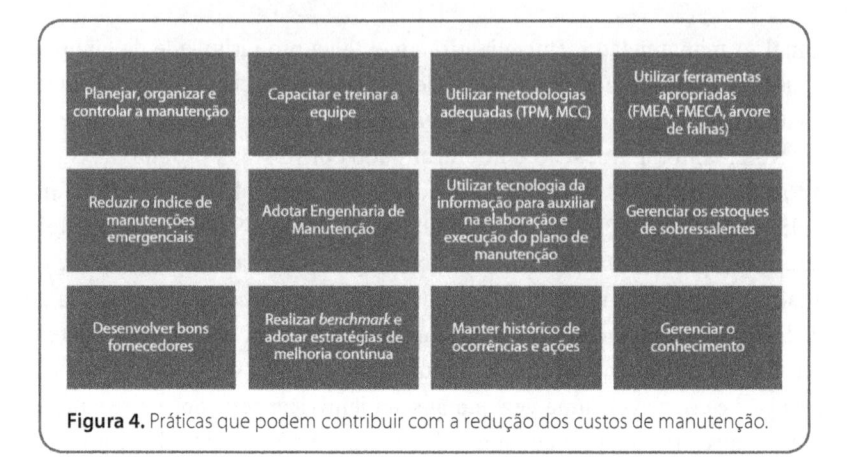

O registro dos custos também é importante para auxiliar o processo de tomada de decisão dos gestores. Segundo Freitas e Resende Filho (2005), o registro dos custos de manutenção deve conduzir às seguintes reflexões:

a) contratar equipe própria de manutenção ou terceirizar o serviço;
b) adquirir equipamentos modernos ou manter os atuais;
c) manter ou elevar o estoque de sobressalentes, que ocupam espaço nos almoxarifados, além de embaraçar o capital de giro, ou criar método de compras que permitam o pronto atendimento à demanda das peças e equipamentos de reposição, através de uma parceria com os fornecedores;
d) trabalhar e dirigir a atenção dos administradores na redução das falhas de máquinas e equipamentos;
e) desonerar ou reduzir o orçamento de manutenção, etc.

Os custos de manutenção dependem de inúmeras variáveis, dentre as quais pode-se citar: segmento industrial, nível de automatização, tecnologia instalada, entre outros. Assim, o investimento em manutenção difere-se entre os setores industriais. O Quadro 3 apresenta os três setores que mais investem e os que menos investem em manutenção.

Quadro 3. Setores que mais e menos investem em manutenção, considerando o percentual do faturamento bruto investido

	Setores	Percentual do faturamento bruto investido
Mais investem em manutenção	Transportes	>10
	Mineração	8,67
	Siderúrgico	6,67
Menos investem em manutenção	Petroquímico	1,67
	Alimento e bebida	1,40
	Predial	1,00

Fonte: Adaptado de GONÇALVES JÚNIOR, RIBEIRO e FRANCO (2015).

Tem sido constatada uma redução nas despesas de manutenção, sobretudo, devido à crise econômica global dos últimos anos. Tal fato traz consequências para a mantenabilidade e confiabilidade dos equipamentos (FACCIO et al., 2011 apud GONÇALVES JÚNIOR; RIBEIRO; FRANCO, 2015).

Conforme documento publicado pela ONU, em 1975, mencionado por Branco Filho (2008), mas com informações que ainda fazem sentido na atualidade, alguns fatores contribuem com o aumento do custo e a redução da eficiência da manutenção, como:

- procura da proposta mais barata ao comprar o equipamento;
- busca do equipamento sem detalhar especificações e sem reforçar a necessidade de suporte adequado à manutenção;
- falhas no plano de manutenção;
- treinamento inadequado para a equipe de manutenção.

É necessário buscar melhorias no processo de manutenção para otimização do custo e, nesse sentido, a Engenharia de Manutenção precisa ocupar mais espaço na manutenção. É importante identificar oportunidades de melhoria, controlar os custos e garantir que a Engenharia de Manutenção seja responsável pelo gerenciamento de indicadores e resultados estratégicos esperados pela indústria (PERES; LIMA, 2005 apud GONÇALVES JÚNIOR; RIBEIRO; FRANCO, 2015).

Importância da manutenção nos equipamentos de medição

Equipamento de medição é um instrumento de medição, programa de computador, padrão de medição, material de referência ou dispositivos auxiliares utilizados de forma isolada ou em conjunto e necessários para executar um processo de medição (ASSOCIAÇÃO..., 2015).

São instrumentos importantes para manutenção e operação, uma vez que são necessários à realização dos monitoramentos, testes e inspeções dos ativos que compõem o sistema de produção — são utilizados com maior frequência nos serviços de manutenção preditiva.

Assim, manter as medições precisas é fundamental para gerar informações confiáveis, base para a tomada de decisão acerca das atividades de manutenção procedentes. Para tanto, esses equipamentos de medição precisam passar por manutenção com frequência.

Os instrumentos e ferramentas utilizados na manutenção nas empresas brasileiras possuem, em média, seis anos de utilização, segundo pesquisa feita pela ABRAMAN, em 2013. Assim sendo, já estão sendo utilizados em determinado contexto operacional por um período significativo e, se as devidas atuações de manutenção não forem executadas, podem influenciar no grau de assertividade dos monitoramentos dos parâmetros.

Esses equipamentos apresentam valor para a empresa e precisam da manutenção por:

- fornecerem informações assertivas para auxiliar no processo de tomada de decisão;
- mostrarem o comportamento do ativo sob condições adversas;
- aumentarem a disponibilidade do equipamento de medição para ser utilizado durante o processo de manutenção.

Diante da importância da confiabilidade desses equipamentos, deve-se elaborar um plano de manutenção para eles que contenha:

- parâmetros a serem avaliados;
- serviços a serem executados;
- metodologias aplicadas;
- responsável;
- periodicidade/prazo;
- custo.

A Figura 5 apresenta as etapas que podem nortear a manutenção em equipamentos de medição.

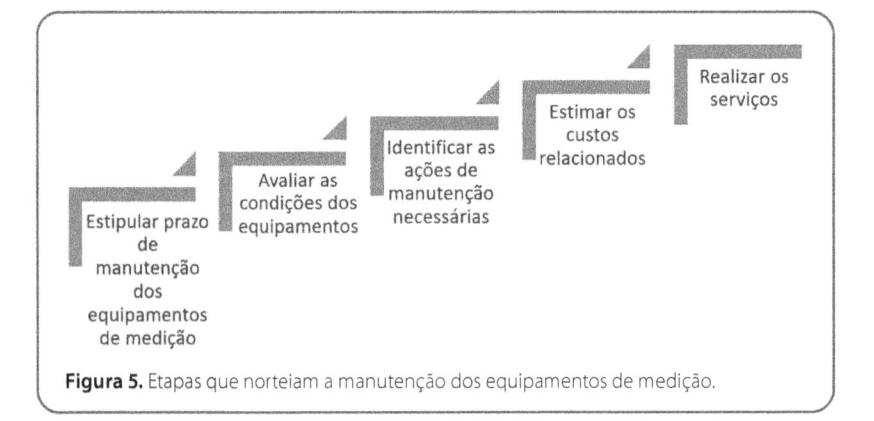

Figura 5. Etapas que norteiam a manutenção dos equipamentos de medição.

Exercícios

1. O plano de manutenção contém as ações a serem desempenhada pelo setor em determinado período de tempo. Sobre o plano de manutenção, é correto afirmar que:
a) o plano de manutenção é restrito aos equipamentos que compõem o processo de produção da empresa e que, se falharem, podem gerar alguma consequência operacional.
b) o plano de manutenção contempla os serviços a serem executados por determinados agentes em um dado período de tempo.
c) o plano de manutenção deve contemplar todos os equipamentos, instrumentos e instalações pertencentes à indústria e necessários à realização de suas atividades.
d) uma vez elaborado, o plano de manutenção não precisa passar por revisões periódicas e atualizações em período inferior a um ano.
e) as empresas que não possuem CMM (*Computer Maintenance Management*) ficam impossibilitadas de construir o plano de manutenção, pois é inviável a elaboração do mesmo de forma manual.

2. A manutenção pode ser planejada ou não planejada. A primeira pode ser subdividida em preventiva, preditiva e detectiva. A manutenção detectiva começou a ser divulgada na década de 1990. Sobre este tipo de manutenção é correto afirmar que:
a) Busca falhas potenciais em sistemas de informação,

com o objetivo de reduzir a incidência de falhas múltiplas.
b) Tem uma importância menor se comparado à manutenção preventiva, pois os equipamentos que passam por manutenção detectiva não são utilizados frequentemente no sistema de produção. Talvez por isso ainda seja desconhecida por algumas empresas.
c) A manutenção detectiva tem a mesma função que a manutenção preditiva no sistema, ou seja, monitorar parâmetros e gerar informações para o processo de tomada de decisão.
d) Geralmente, a manutenção detectiva é realizada pelo próprio operador (operador mantenedor) que, por meio de sua experiência, busca identificar falhas em sistemas de proteção.
e) Busca identificar falhas não perceptíveis ao pessoal da operação e manutenção em sistemas de proteção.

3. Organizar a elaboração do plano de manutenção de forma lógica e estruturada pode facilitar o processo e garantir que o documento contenha todas as informações necessárias à atuação eficiente dos envolvidos. As ações necessárias à elaboração do planejamento da manutenção são planejar, microdetalhar, orçamentar e facilitar (PINTO; XAVIER, 2012). Sobre essas ações, é correto afirmar que:
a) planejar consiste em definir os equipamentos que comporão o plano de manutenção da empresa e classificar esses equipamentos de acordo com o grau de criticidade.
b) microdetalhar consiste em fazer uma análise prévia do serviço a ser executado, fornecendo informações básicas aos executantes, de modo que eles não percam tempo indo e vindo ao local de trabalho e sejam mais eficientes.
c) orçamentar consiste em alocar recursos humanos e materiais aos serviços a serem realizados e, após a alocação, estimar os recursos financeiros necessários.
d) planejar é detalhar os serviços que serão realizados, listar as tarefas que compõem cada um desses serviços, prever os recursos materiais e humanos necessários, o tempo estimado para cada uma dessas tarefas e definir a relação de dependência entre as elas.
e) facilitar é detalhar e incluir todas as ferramentas e máquinas utilizadas pela manutenção que podem constituir gargalos ou caminhos críticos na cadeia da programação dos seus serviços.

4. Uma das consequências mais severas de uma falha oculta é o desencadeamento de falhas múltiplas. Considere uma caldeira que tenha como sistema de proteção uma válvula de segurança. Sobre a probabilidade de ocorrência de falha múltipla, é correto afirmar que:
a) quanto maior o tempo indisponível da válvula, maior a probabilidade de falha múltipla.
b) Quanto menor a probabilidade de falha da função requerida da caldeira, maior a probabilidade de falha múltipla.
c) Quanto maior o tempo indisponível da caldeira,

independentemente da causa, maior a probabilidade de falha múltipla.
d) Quanto menor o tempo indisponível da caldeira, maior a probabilidade de falha múltipla.
e) Quanto menor a probabilidade de falha da função requerida da caldeira e quanto maior o tempo indisponível da válvula, maior a probabilidade de falha múltipla.

5. A todo momento, o gestor de manutenção questiona-se: quanto gasta-se com manutenção? Assim, custo é um indicador acompanhado permanentemente pelo setor. Sobre os custos de manutenção, é correto afirmar que:
   a) devido ao baixo investimento em manutenção no Brasil, o custo de manutenção representa uma parcela insignificante no faturamento bruto da indústria.
   b) o custo global de manutenção é o somatório do custo direto, custo indireto, custo de perda de produção e custo com os efeitos da manutenção inadequada, como, por exemplo, danos causados ao ecossistema.
   c) os maiores gastos em manutenção correspondem aos custos indiretos de manutenção.
   d) o custo de perda de produção refere-se a qualquer redução do volume produzido, independentemente da causa relacionada à perda de produção.
   e) o custo direto de manutenção é reduzido por meio da implementação de mais manutenções preventivas no plano de manutenção, uma vez que esta estratégia reduz a incidência de falhas.

Referências

ASSOCIAÇÃO BRASILEIRA DE MANUTENÇÃO E GESTÃO DE ATIVOS. A situação da manutenção no Brasil. In: CONGRESSO BRASILEIRO DE MANUTENÇÃO. 28., Salvador, 2013. *Dados...* Rio de Janeiro: ABRAMAN, 2013. Disponível em: <http://www.abraman.org.br/arquivos/403/403.pdf>. Acesso em: 09 jul. 2018.

ASSOCIAÇÃO BRASILEIRA DE NORMAS TÉCNICAS. *ABNT NBR ISO 9000*. Sistemas de gestão da qualidade – Fundamentos e vocabulário. Rio de Janeiro: ABNT, 2015.

BRANCO FILHO, G. *A Organização, o planejamento e o controle da manutenção*. Rio de Janeiro: Ciência Moderna, 2008.

BRISTOT, V.M. *Estudo para implementação de sistema de gestão de manutenção em indústrias de conformação de revestimento cerâmicos*. 2012. 169 f. Tese (Doutorado em Engenharia de Minas, Metalúrgica e de Materiais) - Universidade Federal do Rio Grande do Sul, Porto Alegre, 2012. Disponível em: <http://www.lume.ufrgs.br/handle/10183/60711>. Acesso em: 09 jul. 2018.

FREITAS, M. J. S.; RESENDE FILHO, N. S. Custos de manutenção: competência e racionalidade na gestão de recursos objetivando maior competitividade. IX Congresso Internacional de Custos. Florianópolis, 2005.

GONÇALVES JÚNIOR, J. J. M.; RIBEIRO, M. V.; FRANCO, B. C. Custo de manutenção de ativos numa óptica operacional e estratégica no ambiente industrial. In: SEGET: SIMPÓSIO DE EXCELÊNCIA EM GESTÃO E TECNOLOGIA. 12., Resende, 2015. *Artigos...* Resende: AEDB, 2015. Disponível em: <https://www.aedb.br/seget/arquivos/artigos15/23022234.pdf>. Acesso em: 09 jul. 2018.

KARDEC, A. *Gestão estratégica e indicadores de desempenho*. Rio de Janeiro: Qualitymark, ABRAMAN, 2002.

LAFRAIA, J. R. B. *Manual de confiabilidade, mantenabilidade e disponibilidade*. Rio de Janeiro: Qualitymark, 2001.

MORENGHI, L. C. R. *Proposta de um sistema integrado de monitoramento para manutenção*. 2005. 125 f. Dissertação (Mestrado em Engenharia de Produção) - Universidade de São Paulo, São Carlos, 2005. Disponível em: <http://www.teses.usp.br/teses/disponiveis/18/18140/tde-18022016-145504/pt-br.php>. Acesso em: 09 jul. 2018.

PINTO, A. K.; XAVIER, J. N. *Manutenção:* função estratégica. 4. ed. Rio de Janeiro: Qualitymark, 2012.

SIQUEIRA, I. P. *Manutenção centrada na confiabilidade*: manual de implementação. Rio de Janeiro: Qualitymark, 2005.

ZEN, M. A. G. *Indicadores de manutenção*. Mantenimiento Mundial, 2011. Disponível em:http://www.mantenimientomundial.com/sites/mmnew/bib/notas/indicadoresBR.pdf. Acesso em 19 jul. 2018.

Leituras recomendadas

PINTO, A. K.; XAVIER, J. N. *Manutenção*: função estratégica. 2. ed. Rio de Janeiro: Qualitymark, 2001.

SANTOS, J. V. et al. Falhas em válvulas de segurança: levantamento estatístico durante parada de manutenção. In: CONFERÊNCIA SOBRE TECNOLOGIA DE EQUIPAMENTOS. 6., Salvador, 2002. *Artigos...* Serra: Fluid Controls, 2002. Disponível em: <http://www.fluidcontrols.com.br/site/upload/pdf/Falhas_em_Valvulas_de_seguranca-6_Congresso.pdf>. Acesso em: 09 jul. 2018.

Manutenção preventiva e manutenção preditiva: mecânica

Objetivos de aprendizagem

Ao final deste texto, você deve apresentar os seguintes aprendizados:

- Reconhecer os conceitos e objetivos da manutenção preventiva e preditiva mecânica.
- Identificar os equipamentos mais utilizados na execução da manutenção preventiva e preditiva mecânica.
- Descrever métodos de investigação destacando: estudo de vibrações; análise do estado das superfícies; análises estruturais de peças.

Introdução

A manutenção de máquinas e equipamentos é uma atividade fundamental para que a empresa consiga ser eficiente e, consequentemente, competitiva nos mercados em que atua. A falta de manutenção ou uma manutenção realizada de forma incorreta podem acarretar prejuízos para a empresa por máquinas paradas e perdas de produção.

As manutenções do tipo preditiva e preventiva mecânicas se destacam como dois tipos de manutenção que proporcionam à empresa uma maior disponibilidade de máquinas e equipamentos, além de um aumento na eficiência em operação, possibilitando o cumprimento de compromissos assumidos com os clientes.

Neste capítulo, você vai estudar os diferentes tipos de manutenção programada, identificar os instrumentos e equipamentos utilizados nessas manutenções e os métodos utilizados para investigação.

Manutenção preventiva e preditiva

As operações industriais enfrentam o desafio de manter em perfeito estado de funcionamento as máquinas e os equipamentos utilizados nos processos produtivos. Para que isso aconteça, é necessário o acompanhamento rotineiro do funcionamento e do desempenho das máquinas e equipamentos, também chamados de parque instalado ou parque fabril.

Esse acompanhamento visa **prevenir** a ocorrência de falhas ou **predizer** o momento em que a falha estará prestes a acontecer. Esses objetivos definem se o tipo de manutenção a ser utilizada pela empresa será a **preventiva** ou a **preditiva**.

Se o objetivo for prevenir a ocorrência de falhas, a empresa deve adotar a manutenção preventiva. Trata-se de uma manutenção programada, que acontece sistematicamente em períodos determinados pelos responsáveis pela manutenção.

Esses períodos são definidos basicamente de duas formas distintas.

1. **Por meio de informações do fabricante da máquina:** os fabricantes fornecem informações técnicas que incluem a maneira correta de se operar a máquina e a vida útil de um componente ou peça. O responsável pela manutenção, então, programa a substituição da peça antes do final da vida útil informada pelo fabricante.
2. **Por meio de informações coletadas na própria operação:** neste caso, o responsável pela manutenção deve ter registrado as ocorrências de falhas anteriores para determinar a periodicidade de ocorrência dessas falhas e, então, programar a substituição das peças em um tempo menor do que o tempo decorrido em média para a falha.

A principal característica da manutenção preventiva é a substituição da peça no período determinado pelo programador da manutenção. O estado em que a peça se encontra no momento da execução da manutenção não é avaliado. Isso possibilita questionamentos quanto à eficácia desse tipo de manutenção, devido à possibilidade de troca da peça mesmo que ela ainda esteja em boas condições operacionais.

No entanto, em setores como o médico-hospitalar e a aviação, a substituição programada das peças é de fundamental importância devido às consequências catastróficas de uma falha. Também se faz necessária a substituição programada de peças antes do final da vida útil em situações em que uma falha poderá provocar danos ambientais.

A Associação Brasileira de Normas Técnicas (ABNT) define, na Norma Brasileira Regulamentadora NBR 5462, a manutenção preventiva como "Manutenção efetuada em intervalos predeterminados, ou de acordo com critérios prescritos, destinada a reduzir a probabilidade de falha ou a degradação do funcionamento de um item" (ASSOCIAÇÃO..., 1994).

É possível entender, a partir dessa definição, que mesmo com a execução da manutenção preventiva ainda existe probabilidade de falha de peças, provocando parada de máquinas. Isso pode acontecer em função de probabilidade de falhas nas peças substitutas, contaminações das peças durante a execução das trocas ou ainda por falha humana. A Figura 1 mostra um exemplo de manutenção preventiva.

Figura 1. Manutenção preventiva em uma turbina de aeronave.
Fonte: aapsky/Shutterstock.com.

Fique atento

Serviços simples, como lubrificação e limpeza, também são realizados durante a manutenção preventiva.

Por outro lado, se o objetivo for predizer o momento em que a falha irá acontecer, a empresa deve adotar a manutenção preditiva. Diferentemente da manutenção preventiva, a manutenção preditiva não é programada com antecedência. A determinação do momento em que ela deve acontecer se dá pelo acompanhamento de partes e peças da máquina com a medição de variáveis que indicam a necessidade de manutenção da máquina.

As variáveis mais comuns acompanhadas pela manutenção são a vibração, a temperatura, o ruído e a energia elétrica de alimentação das máquinas. Essas variáveis costumam ter um comportamento padrão durante a operação normal dos componentes. Qualquer alteração no valor dessas variáveis que modifique o padrão pode significar perda de rendimento e desgaste acentuado de peças e componentes, indicando proximidade de falhas e necessidade de intervenção nas máquinas.

O acompanhamento dessas variáveis é feito com a utilização de instrumentos de medida, como acelerômetros, termógrafos, estetoscópios de mecânicos, multímetros e tacômetros. Também é feito com o emprego de sensores específicos para a medição de cada variável. Nesse caso, os sensores são ligados a redes eletrônicas de informação, enviando os valores para um ou mais computadores, os quais são operados por responsáveis que analisam os dados e determinam o momento em que a manutenção da máquina é necessária.

A ABNT define manutenção preditiva, também chamada de manutenção controlada, como:

> Manutenção que permite garantir uma qualidade de serviço desejada, com base na aplicação sistemática de técnicas de análise, utilizando-se de meios de supervisão centralizados ou de amostragem, para reduzir ao mínimo a manutenção preventiva e diminuir a manutenção corretiva.

Fique atento

A ABNT define **manutenção corretiva** como "Manutenção efetuada após a ocorrência de uma pane destinada a recolocar um item em condições de executar uma função requerida" e **pane** como "Estado de um item caracterizado pela incapacidade de desempenhar uma função requerida, excluindo a incapacidade durante a manutenção preventiva ou outras ações planejadas, ou pela falta de recursos externos".

A manutenção preditiva tem como principal característica a substituição da peça ou componente somente na fase final de vida útil, prolongando ao máximo a utilização, aumentando a disponibilidade de máquinas e equipamentos e reduzindo os custos.

Embora o termo "preditivo" tenha significado de "previsão", a manutenção preditiva significa uma análise geral do estado de máquinas, componentes e peças, tendo como base as observações e medições realizadas, para posterior tomada de decisão quanto ao momento adequado para a realização das intervenções de manutenção.

A Figura 2 mostra a situação atual da manutenção no Brasil com relação aos tipos de manutenção utilizados pelas empresas.

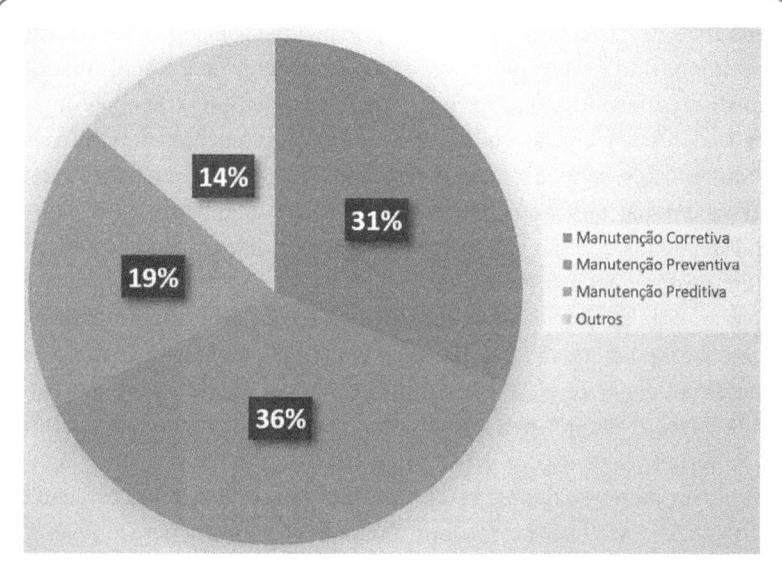

Figura 2. Dados dos tipos de manutenção no Brasil.
Fonte: Adaptada de Associação Brasileira de Manutenção e Gestão de Ativos (2018, documento on-line).

Pela análise da Figura 2, é possível observar que o tipo de manutenção mais utilizado no Brasil é a manutenção preventiva e que, apesar de resultar em menores custos e maiores disponibilidades de máquina, a manutenção preditiva ocupa somente a terceira posição entre os tipos de manutenção adotados pelas empresas no Brasil.

Isso se explica pela necessidade de maiores investimentos iniciais e de mão de obra melhor qualificada para a implantação da manutenção preditiva quando comparada à manutenção preventiva.

Equipamentos para a manutenção preditiva e preventiva mecânica

Diversos são os equipamentos e instrumentos utilizados para a realização das manutenções preditiva e preventiva mecânicas. Alguns equipamentos são utilizados tanto na manutenção preditiva quanto na manutenção preventiva, e outros têm seus usos específicos para cada tipo de manutenção.

No caso da manutenção preditiva, são usados sensores de vários tipos, que possibilitam o acompanhamento de vibrações, temperatura e das propriedades elétricas em um tipo de monitoramento chamado contínuo, isto é, o monitoramento é realizado durante todo o tempo de operação da máquina. Além disso, também são usados instrumentos de medição, como vibrômetros e analisadores de vibração, que medem a vibração das máquinas; termômetros e termógrafos, para medir a temperatura; tacômetros, para medir a rotação de eixos e polias nos monitoramentos chamados de intermitentes, ou seja, monitoramentos que são realizados em períodos determinados, geralmente por um profissional habilitado.

No caso da manutenção preventiva, que é realizada com máquinas paradas e desmontadas, são utilizados diversos equipamentos e instrumentos de medida de uso geral, como calibres de folga; medidores de espessura por ultrassom; líquidos penetrantes para detecção de trincas na superfície dos materiais; raios-x para detecção de trincas internas nos materiais, sobretudo em juntas soldadas; viscosímetros, que medem a viscosidade dos lubrificantes; e alinhadores a *laser* e alinhadores *wireless*, para alinhamento de eixos de acionamento de máquinas rotativas, como bombas centrífugas e compressores.

Os sensores utilizados para o acompanhamento da vibração em máquinas podem ser do tipo eletromagnéticos ou do tipo eletrodinâmicos de velocidade. Os sensores eletromagnéticos também são conhecidos como sensores de proximidade, pois medem o movimento relativo de eixos em mancais e de outros elementos mecânicos sem entrar em contato com eles. Já o sensor eletrodinâmico é formado por um ímã, duas molas, que funcionam como suportes do ímã, e uma bobina. Esse sensor entra em contato com a superfície da peça que se deseja medir a vibração, fazendo com que o ímã ligado às molas mude sua posição em relação à bobina, criando uma tensão que é proporcional à vibração. As Figuras 3a e 3b mostram os sensores eletromagnéticos e eletrodinâmicos.

Figura 3. (a) Sensor eletromagnético e (b) sensor eletrodinâmico.
Fonte: Matee Nuserm/Shutterstock.com e Audrius Merfeldas/ Shutterstock.com.

Outro equipamento bastante utilizado para a medição de vibrações é o acelerômetro. A maioria dos acelerômetros são constituídos por massa, mola e cristais piezoelétricos. A vibração da máquina em que está instalado faz com que o sistema massa-mola pressione os cristais piezoelétricos. Ao serem pressionados, os cristais produzem uma corrente elétrica proporcional à aceleração da vibração, que é enviada para os receptores de sinais e convertida em informação visual. A Figura 4 mostra um acelerômetro.

Figura 4. Acelerômetro piezoelétrico.
Fonte: Vibrodata (2018, documento on-line).

Os vibrômetros (Figura 5) são instrumentos simples para a medição da vibração de máquinas e equipamentos. Eles podem usar acelerômetros como sensor de coleta de dados.

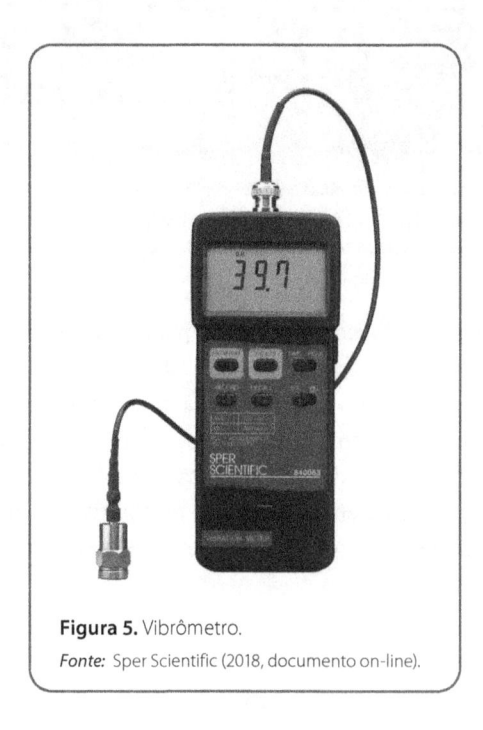

Figura 5. Vibrômetro.
Fonte: Sper Scientific (2018, documento on-line).

Para a medição de temperatura, são utilizados os termômetros (Figura 6) e os termógrafos (Figura 7). Os termômetros podem ser de contato, em que um sensor ou um termopar é colocado em contato com a superfície cuja temperatura se quer medir, ou infravermelho, que coletam a temperatura da superfície por meio da utilização de um sistema ótico fixo.

Os termógrafos são equipamentos que medem a temperatura por meio da formação de uma imagem térmica, que é conhecida como termograma. São muito utilizadas nas indústrias de processos contínuos, que utilizam processos envolvendo altas temperaturas, em que é mais seguro a medição à distância.

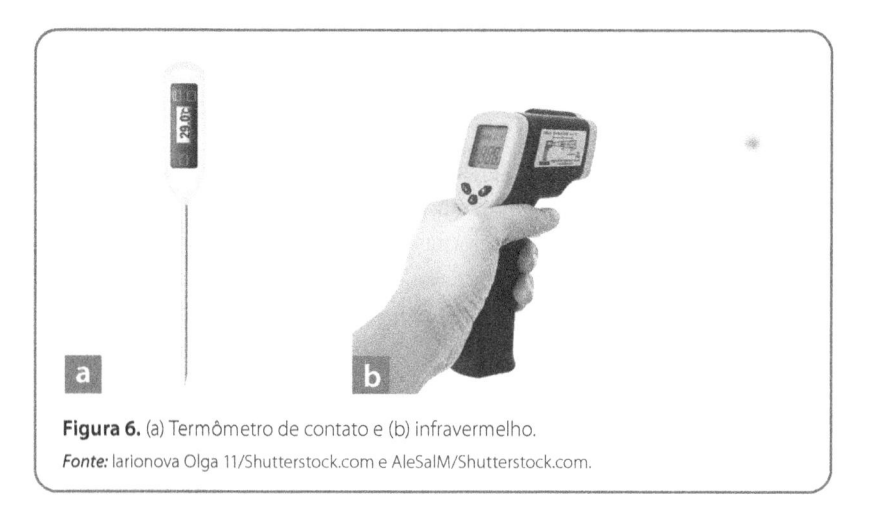

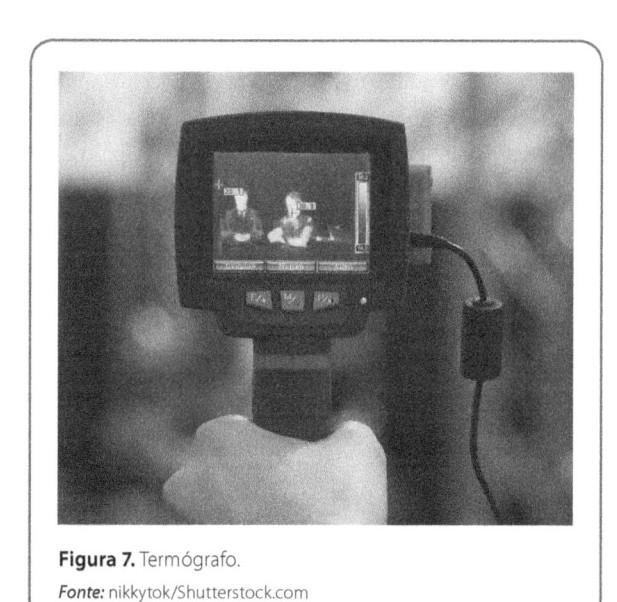

Figura 6. (a) Termômetro de contato e (b) infravermelho.
Fonte: larionova Olga 11/Shutterstock.com e AleSalM/Shutterstock.com.

Figura 7. Termógrafo.
Fonte: nikkytok/Shutterstock.com

Investigando o estado das peças

Em trabalhos de manutenção, é preciso realizar um diagnóstico das peças para poder tomar a melhor decisão quanto à substituição e até em relação a uma possível troca de fornecedor.

Esse diagnóstico é realizado por meio da investigação com os equipamentos utilizados para a manutenção preditiva e preventiva e também com a inspeção visual.

Quando se trata de desgaste superficial elevado, a análise visual determina a situação de troca da peça. Por exemplo, no caso de mancais de rolamento, é comum o desgaste das pistas interna e externa do rolamento, pois, com o uso, o material de que é feito as pistas sofre fadiga e forma microtrincas, que aumentam com o tempo, passando a ficar visíveis a olho nu.

É claro que a inspeção visual deve ser feita por profissional capacitado, com conhecimento sobre o desgaste de peças — uma maior experiência do técnico de manutenção permite melhores resultados.

Com relação à análise estrutural das peças, são utilizados os ensaios não destrutivos, como o de líquido penetrante, partícula magnética, ultrassom e raios x.

Os ensaios de líquido penetrante e partícula magnética são utilizados para a detecção de trincas que não podem ser identificadas a olho nu nas superfícies das peças, que podem evoluir para o interior da peça e provocar a fratura por fadiga. Já os ensaios de ultrassom e de raios x são utilizados para detectar imperfeições no interior das peças, principalmente em juntas soldadas. A Figura 8 mostra um ensaio de raios X em uma junta soldada de uma tubulação de aço.

Figura 8. Ensaio de raios X em uma junta soldada de uma tubulação de aço.
Fonte: shinobi/Shutterstock.com.

Link

Leia mais sobre a manutenção nas empresas brasileiras no site da Associação Brasileira de Manutenção (ABRAMAN):

https://goo.gl/l2o0QH

Exercícios

1. A utilização de informações do fabricante das peças e dos componentes para a elaboração do plano de manutenção e a utilização de aparelhos de medição para verificação das condições de operação das máquinas são, respectivamente, características das manutenções:
   a) preditiva e preventiva.
   b) preditiva e corretiva.
   c) preventiva e corretiva.
   d) preventiva e preditiva.
   e) corretiva e preditiva.

2. Com relação à manutenção **preventiva**, é correto o que se afirma em:
   a) É aleatória, dependendo das condições das peças e componentes.
   b) É programada, dependendo das condições das peças e componentes.
   c) É reativa, pois reage ao tempo de operação das peças e componentes.
   d) É sistemática, programada para ser realizada em períodos predeterminados.
   e) Maximiza a vida útil de peças, pois a troca só acontece quando a falha está próxima.

3. Com relação à manutenção **preditiva**, é correto o que se afirma em:
   a) É aleatória, dependendo das condições das peças e componentes.
   b) É programada, dependendo das condições das peças e componentes.
   c) É reativa, pois reage ao tempo de operação das peças e componentes.
   d) É sistemática, programada para ser realizada em períodos predeterminados.
   e) Maximiza a vida útil de peças, pois a troca só acontece quando a falha está próxima.

4. Manoel é o proprietário da Veste Bem Ltda., uma microempresa que produz camisetas. Ultimamente, ele vem enfrentando problemas de frequentes quebras de máquinas de costura. Como a empresa não tem nenhum programa de manutenção, um amigo aconselhou a Manoel a implantar a manutenção preditiva

na empresa. Com relação a essa sugestão, é correto afirmar que:
a) é errada, pois os equipamentos da empresa não permitem ações de monitoramento e medição.
b) é correta, pois a manutenção preditiva é a que proporciona melhores resultados para a empresa.
c) é correta, apesar do porte da empresa, porque a manutenção preditiva não exige grandes investimentos.
d) é correta, apesar da necessidade de contratação de um funcionário para ser responsável pela manutenção.
e) é errada, pois a manutenção preditiva exige investimentos e tecnologia acima das possibilidades da empresa.

5. Com relação aos equipamentos utilizados na manutenção preditiva, é correto afirmar que:
a) os sensores eletromagnéticos trabalham em contato físico com a peça que monitoram.
b) acelerômetros são utilizados para medir a aceleração dos eixos rotativos e das polias das máquinas.
c) os sensores eletrodinâmicos são formados por um ímã fixado em duas molas no interior de uma bobina.
d) o termógrafo mede a temperatura de uma máquina ou de seus componentes principais por meio do contato de um termopar com a superfície monitorada.
e) o termômetro infravermelho mede a temperatura de uma máquina ou de seus componentes principais por meio do contato de um termopar com a superfície monitorada.

Referências

ASSOCIAÇÃO BRASILEIRA DE MANUTENÇÃO E GESTÃO DE ATIVOS. *Planejamento e controle da manutenção*. 2018. Disponível em: <http://www.abraman.org.br>. Acesso em: 09 jul. 2018.

ASSOCIAÇÃO BRASILEIRA DE NORMAS TÉCNICAS. *NBR 5462*. Confiabilidade e mantenabilidade. Rio de Janeiro: ABNT, 1994.

SPER SCIENTIFIC. *Vibration meter*. 2018. Disponível em: <https://www.sperdirect.com/images_products/vibration-meter-65lar.jpg>. Acesso em: 09 jul. 2018.

VIBRODATA. *Acelerômetro piezoelétrico*. 2018. Disponível em: <http://www.vibrodata.com.br/imagens/informacoes/acelerometro-piezoeletrico-01.jpg>. Acesso em: 09 jul. 2018.

Leituras recomendadas

ALMEIDA, P. S. *Manutenção mecânica industrial:* conceitos básicos e tecnologia aplicada. São Paulo: Érica, 2014.

BRANCO, R. *Manutenção mecânica industrial.* 2018. Disponível em: <http://www.manutencaoesuprimentos.com.br/conteudo/4650-manutencao-mecanica-industrial/>. Acesso em: 09 jul. 2018.

HAND, A. *Motores elétricos:* manutenção e solução de problemas. 2. ed. Porto Alegre: Bookman, 2016.

MECÂNICA INDUSTRIAL. *Manutenção industrial.* 2018. Disponível em: <https://www.mecanicaindustrial.com.br/manutencao-industrial/>. Acesso em: 09 jul. 2018.

PINTO, A. K.; XAVIER, J. N. *Manutenção:* função estratégica. 4. ed. Rio de Janeiro: Qualitymark, 2012.

Manutenção preventiva e manutenção preditiva: elétrica e eletrônica

Objetivos de aprendizagem

Ao final deste texto, você deve apresentar os seguintes aprendizados:

- Reconhecer os conceitos e objetivos das manutenções preventiva e preditiva elétrica e eletrônica.
- Identificar os equipamentos mais utilizados na execução das manutenções preventiva e preditiva elétrica e eletrônica.
- Descrever métodos de investigação: verificação de resistência-aterramento-continuidade; verificação de blocos eletrônicos; verificação de placas de controle; verificação de *encoders* e *resolvers*.

Introdução

As manutenções dos tipos elétrica e eletrônica são fundamentais para o bom funcionamento dos circuitos, equipamentos e instalações industriais e/ou residenciais, contribuindo com o desempenho satisfatório e com a segurança dos usuários e mantenedores.

Considerando os avanços tecnológicos desses sistemas, as ações de manutenção têm exigido o desenvolvimento de novas metodologias e habilidades cada vez maiores, o que requer profissionais qualificados e treinados permanentemente.

Atuar antes da falha por meio da utilização da estratégia de manutenção adequada, realizando inspeções, ensaios e com instrumentos apropriados auxilia no aumento da confiabilidade dos sistemas e instalações.

Neste capítulo, você compreenderá o que são e os objetivos da manutenção preventiva e da manutenção preditiva elétrica e eletrônica, conhecerá os principais instrumentos utilizados na execução dessas manutenções e aprenderá alguns métodos de investigação de falhas.

Manutenções preventiva e preditiva elétrica e eletrônica: principais conceitos

As manutenções dos tipos preventiva e preditiva são manutenções planejadas, muitas vezes baseadas no tempo, e têm como objetivo reduzir a incidência de falhas e aumentar a confiabilidade dos sistemas. Como todas as ações planejadas, requerem enfoque organizado de atuação para o alcance dos resultados almejados.

As manutenções periódicas em instalações elétricas são importantes em função do impacto das falhas dessas instalações para o sistema operacional e para a segurança dos usuários. As ações preditivas e preventivas contribuem para evitar, por exemplo, superaquecimento, oxidação, incêndios, entre outras consequências consideradas graves quando uma falha real acontece em instalações elétricas.

Entende-se como instalações elétricas o conjunto das partes elétricas e não elétricas associadas com características coordenadas entre si e que são indispensáveis ao desempenho de uma parte determinada de um sistema elétrico. São classificadas de acordo com sua tensão nominal da seguinte forma (BRASIL, 2016; ASSOCIAÇÃO..., 2004):

- **Baixa tensão:** tensão nominal menor ou igual a 1000 V em corrente alternada ou menor ou igual a 1500 V em corrente contínua;
- **Alta tensão:** tensão nominal superior a 1000 V em corrente alternada ou superior a 1500 V em corrente contínua;
- **Extrabaixa tensão:** tensão nominal menor ou igual a 50 V em corrente alternada ou menor ou igual a 120 V em corrente contínua.

A manutenção preventiva elétrica e eletrônica é a efetivação do reparo, da restauração ou da troca de um item antes de uma falha em instalações, equipamentos e instrumentos que contenham sistemas, subsistemas e componentes elétricos e eletrônicos. Pode ser programada, quando, por exemplo, baseada em algum atributo do equipamento (quilometragem, horas de uso, entre outros) ou partir de uma oportunidade, como a ociosidade de determinado sistema.

É importante lembrar que, de acordo com a NBR 5462 (ASSOCIAÇÃO..., 1994), a **falha** impede que o equipamento desempenhe as funções requeridas, enquanto **defeito** é uma anomalia de uma característica de um item em relação aos seus pré-requisitos. Para ser preventiva, a manutenção precisa ser realizada antes da falha.

> **Fique atento**
>
> Algumas organizações consideram que, para ser preventiva, a manutenção precisa ser realizada antes do defeito, e não apenas antes da falha. Assim, é muito importante que se tenha um alinhamento dos conceitos adotados por cada instituição. Quando existente, o manual de manutenção da empresa apresenta os conceitos e termos de manutenção aplicados.

A manutenção preditiva elétrica e eletrônica consiste no monitoramento de um ou mais parâmetros de um item, subsistema ou sistema elétrico ou eletrônico, com o objetivo de avaliar se os mesmos estão dentro dos limites de tolerância. Os monitoramentos podem ser realizados por meio de profissionais e instrumentos especializados ou por meio da manutenção autônoma quando realizada pelo operador mantenedor. A manutenção autônoma traz uma séria de benefícios para a empresa e é um pilar da Manutenção Produtiva Total.

> **Fique atento**
>
> A corresponsabilização de todos na empresa por algumas ações de manutenção e pela operação adequada dos equipamentos é conhecida como Manutenção Autônoma. Essa filosofia de trabalho constitui um dos pilares da Manutenção Produtiva Total (MPT), que é um método de gerenciamento da manutenção realizado por todos os funcionários da organização por meio das ações de pequenos grupos (SLACK et al., 2007).

Muitas vezes, a manutenção preditiva é utilizada para identificar o momento adequado para parar o sistema a fim de realizar as ações preventivas, reduzindo o índice de paradas desnecessárias. A Figura 1 ilustra a relação entre a manutenção preditiva e a manutenção preventiva.

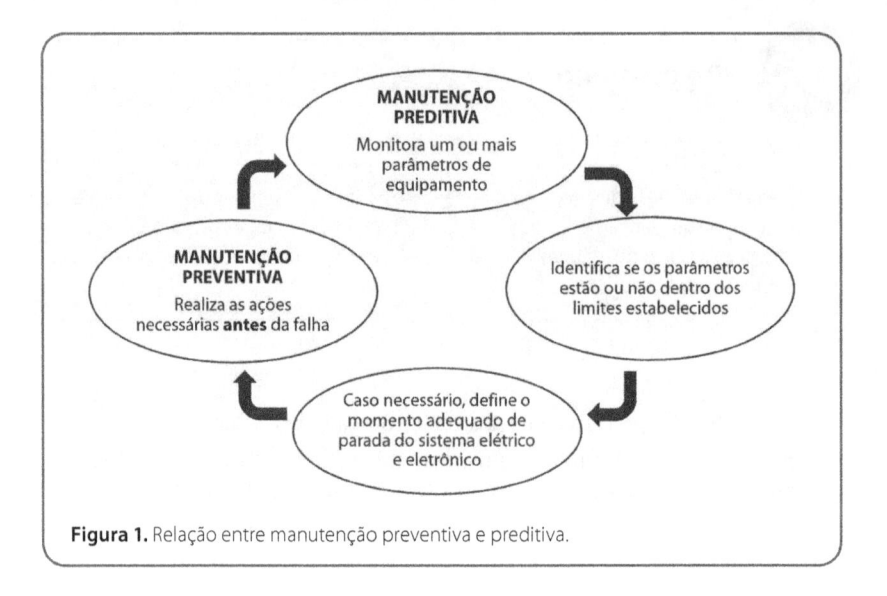

```
                    MANUTENÇÃO
                     PREDITIVA
                  Monitora um ou mais
                    parâmetros de
                     equipamento

   MANUTENÇÃO                          Identifica se os parâmetros
    PREVENTIVA                         estão ou não dentro dos
   Realiza as ações                    limites estabelecidos
 necessárias antes da falha

                  Caso necessário, define o
                   momento adequado de
                  parada do sistema elétrico
                       e eletrônico
```

Figura 1. Relação entre manutenção preventiva e preditiva.

Percebe-se, pela análise da Figura 1, que a manutenção preditiva precede uma ação preventiva e esse ciclo permanece durante toda a vida útil do ativo. Assim, nas ações preditivas, são realizados inspeções e monitoramentos e, quando necessário, serão feitos ajustes, trocas, restaurações e/ou reparos no momento adequado. Dentre os itens que são verificados nas ações de manutenção preventiva e preditiva elétrica e eletrônica, destacam-se os seguintes:

- quantidade de carga elétrica na rede;
- quantidade de energia transmitida;
- temperatura;
- tensão;
- resistência;
- deterioração.

Existem inúmeras vantagens na realização de manutenção preventiva e preditiva elétrica e eletrônica. São algumas delas:

- redução do desencadeamento de falhas múltiplas;
- aumento da confiabilidade do sistema;
- promoção da conservação de máquinas e equipamentos;
- aumento da vida útil do sistema;
- garantia de maior segurança;
- relação custo x benefício satisfatória quando bem aplicada.

Equipamentos utilizados na execução da manutenção preventiva e preditiva elétrica e eletrônica

Com os avanços tecnológicos, vários instrumentos surgiram para auxiliar a execução das atividades de manutenção preditiva que indicam se há necessidade de realização das ações preventivas em determinado momento.

Os instrumentos mais utilizados em instalações e equipamentos elétricos e eletrônicos estão relacionados à avaliação de temperatura, calor, corrente, tensão e resistência. Com dados relacionados a esses fatores, é possível planejar a atuação antes de grande parte das falhas potenciais que podem atingir o sistema.

Nesta seção, serão explicados os quatro instrumentos utilizados com maior frequência pelas organizações: sensores de temperatura, amperímetro, voltímetro e ohmímetro.

Os equipamentos de termovisão (sensor de temperatura) são amplamente utilizados em manutenções de instalações e equipamentos elétricos e eletrônicos com o objetivo de identificar pontos com temperatura elevada. Tais pontos indicam perda de energia ou falha potencial do equipamento, o que pode gerar consequências consideráveis (FINOCCHIO, 2013).

Os termovisores transformam radiação infravermelha invisível (calor) em radiação visível (imagem colorida) e, assim, possibilitam a identificação de pontos superaquecidos sem a necessidade de desmontar os equipamentos, ou seja, os mesmos são utilizados durante a operação (FINOCCHIO, 2013). A Figura 2 apresenta um termovisor.

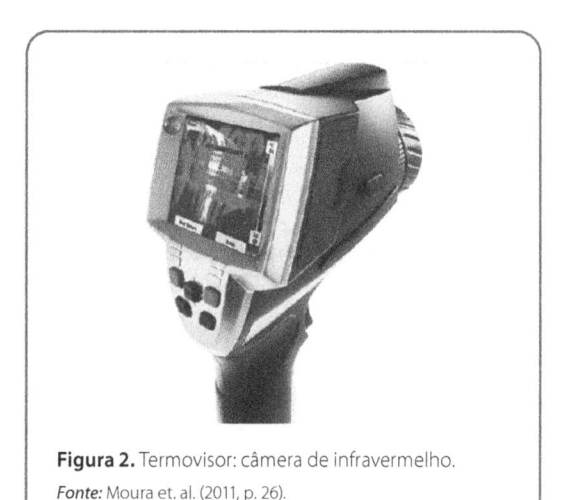

Figura 2. Termovisor: câmera de infravermelho.
Fonte: Moura et. al. (2011, p. 26).

Medidores de temperatura, de forma geral, são muito utilizados no monitoramento de ativos elétricos e eletrônicos. Esses equipamentos de medição de temperatura são compostos, basicamente, pelos seguintes componentes (RANGEL; LIMA; PINTO, 2010):

- Sensor: pode ser com contato ou sem contato;
- Dispositivo para o tratamento do sinal do sensor;
- Dispositivo indicador da temperatura: pontual ou imagem.

Outros instrumentos de grande utilidade nos monitoramentos dos sistemas elétricos e eletrônicos são o amperímetro, o voltímetro e o ohmímetro.

O amperímetro (Figura 3) é um instrumento utilizado para medir a intensidade da corrente elétrica contínua ou alternada e avaliar se os padrões preestabelecidos são atendidos. O instrumento deve ser ligado em série com o item cujo fluxo se deseja medir.

Figura 3. Amperímetro: alicate.
Fonte: Borba (2018, p. 19).

Conhecer a intensidade da corrente elétrica é fundamental para evitar falhas. Intensidades inadequadas podem gerar sobrecargas, efeitos térmicos e/ou efeitos fisiológicos nos usuários do sistema.

O voltímetro (Figura 4) é utilizado para medir a tensão elétrica. Esse instrumento deve ser ligado em paralelo com o circuito cuja tensão será medida.

Falhas relacionadas à sobretensão podem ser diagnosticadas pelo voltímetro.

Figura 4. Voltímetro.
Fonte: Ventura (2010, documento on-line).

O ohmímetro (Figura 5) é utilizado para medir a resistência de um componente elétrico/eletrônico ou de um circuito e insere no componente uma corrente predefinida, medindo a tensão nos terminais e calculando a resistência.

Figura 5. Ohmímetro.
Fonte: Tecnoferramentas (2018, documento on-line).

Os três instrumentos supracitados podem constituir um único equipamento denominado multímetro, instrumento multifuncional que mede a intensidade da corrente, a tensão e a resistência de um sistema.

O Quadro 1 apresenta o resumo dos principais instrumentos utilizados em manutenções preditivas elétricas e eletrônicas.

Quadro 1. Instrumentos e parâmetros mensurados

Equipamento	Parâmetros mensurados
Termovisor	Temperatura
Amperímetro	Corrente
Voltímetro	Tensão
Ohmímetro	Resistência
Multímetro	Corrente, tensão e resistência

Independentemente do parâmetro a ser monitorado, a avaliação criteriosa deve ser feita com base em normas técnicas, que definem as condições satisfatórias que as instalações devem apresentar.

Saiba mais

A Norma Brasileira 5410 — Instalações Elétricas de Baixa Tensão (ABNT — NBR 5410) estabelece as condições a que devem obedecer as instalações elétricas de baixa tensão, a fim de garantir a segurança pessoal, a conservação e o bom funcionamento do sistema.

Métodos de investigação de falhas em equipamentos elétricos e eletrônicos

Além da realização de inspeções visuais, alguns ensaios contribuem com a geração de dados assertivos que auxiliam os manutentores e gestores no processo de tomada de decisão quanto às ações de manutenção nos equipamentos e riscos relacionados à operação.

São inúmeras as falhas que acontecem em sistemas elétricos, de modo que verificações e inspeções podem auxiliar na redução de incidência das mesmas.

> **Link**
>
> A reportagem, no link a seguir, apresenta o número de falhas por ano de um sistema elétrico. Acesse:
>
> https://goo.gl/CGLwiy

Verificação de resistência-aterramento-continuidade

De acordo com a NBR 5410 (ASSOCIAÇÃO..., 2004), "[...] toda edificação deve dispor de uma infraestrutura de aterramento, denominada "eletrodo de aterramento", A estrutura de aterramento deve ser confiável e atender aos requisitos de segurança das pessoas; permitir a condução de correntes de falta à terra sem risco de danos térmicos, termomecânicos e eletromecânicos ou de choques elétricos causados por essas correntes e atender a requisitos funcionais da instalação.

O aterramento elétrico pode ser definido como uma ligação elétrica de um sistema físico (elétrico, eletrônico) ao solo. Esse sistema se constitui basicamente de três componentes (SOUSA, 2015):

a) Conexões elétricas que ligam o sistema aos eletrodos;
b) Eletrodos de aterramento (um corpo metálico colocado no solo);
c) O solo do local da instalação: a resistividade do solo é um parâmetro fundamental para o projeto e a operação do sistema de aterramento.

Um dos métodos mais utilizados para medir a resistividade do solo é o método da queda de potencial, que pode ser classificado de acordo com o arranjo de Wenner e Schlumberger.

O arranjo de Wenner (Figura 6) orienta que sejam alocados 4 eletrodos em linha reta, obedecendo a uma mesma distância entre eles, que deve ser, no mínimo, três vezes maior que a distância de enterramento. O telurômetro (instrumento utilizado para medir resistência de aterramentos) gera uma corrente, que fluirá pelos eletrodos das extremidades, e a tensão será medida pelos eletrodos internos (INSTITUTE..., 2000).

Para maior assertividade, as medições devem ser feitas várias vezes, alterando o espaçamento e a direção dos eletrodos.

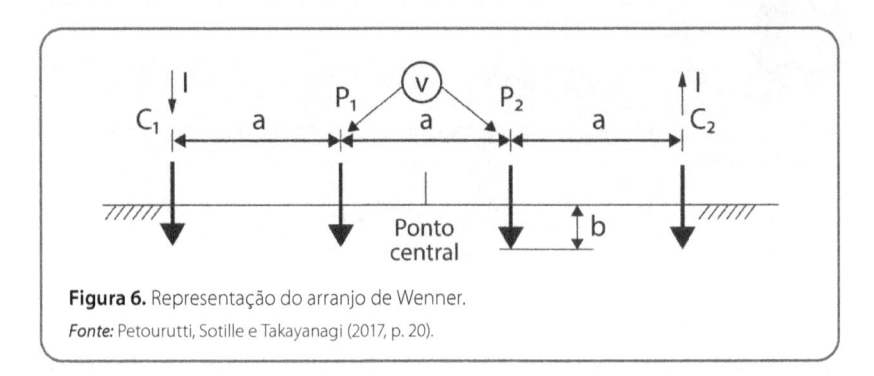

Figura 6. Representação do arranjo de Wenner.
Fonte: Petourutti, Sotille e Takayanagi (2017, p. 20).

Já o arranjo de Schlumberger (Figura 7) é uma variação do método dos 4 eletrodos, no qual o espaçamento entre os eletrodos potencial é mantido fixo, enquanto os demais espaçamentos devem variar uniformemente (PETOURUTTI; SOTILLE; TAKAYANAGI, 2017).

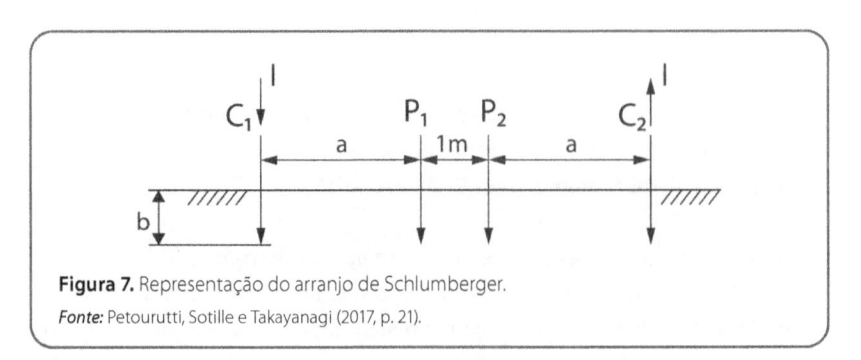

Figura 7. Representação do arranjo de Schlumberger.
Fonte: Petourutti, Sotille e Takayanagi (2017, p. 21).

Verificação de blocos eletrônicos e placas de controle

Um conjunto de circuitos eletrônicos constitui um bloco eletrônico. Muitas máquinas possuem um bloco denominado fonte, que é responsável por converter tensão elétrica alternada em tensões apropriadas para o funcionamento de outros conjuntos de circuitos (PEREIRA; NEVES, 2017).

O monitoramento da fonte pode ser feito por meio da avaliação da tensão com instrumentos adequados para tanto e examinando se estão dentro dos limites preestabelecidos. Caso não estejam, uma falha potencial pode estar prestes a se tornar uma falha real.

Já as placas de controle são, geralmente, placas compostas de vidro ou fenolite nas quais são impressos materiais condutores para ligação de circuitos elétricos. Os materiais são aplicados de forma a permanecer imóveis na placa por meio de técnicas como soldagem ou soquete (PEREIRA; NEVES, 2017).

O método de manutenção das placas de controle é composto pelas ações de: monitoramento da tensão, avaliação das conexões, identificação de problemas, seleção da solução mais apropriada, realização da ação de manutenção (limpeza, troca, etc.). Os passos para verificação de placas de controle estão apresentados na Figura 8.

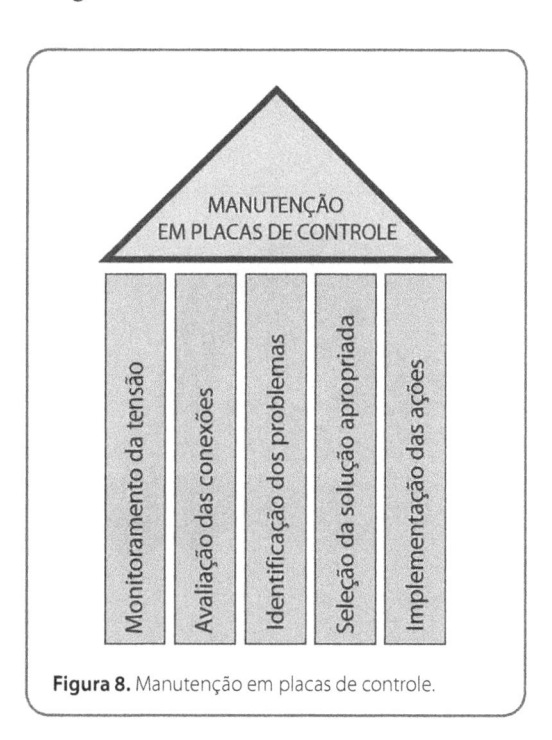

Figura 8. Manutenção em placas de controle.

> **Link**
>
> No artigo a seguir, você conhecerá estratégias de proteção de placas eletrônicas em ambientes agressivos.
>
> https://goo.gl/1MUuEt

Verificação de *encoders* e *resolvers*

Encoders (Figura 9) e *resolvers* são dispositivos que transformam uma grandeza mecânica em uma grandeza elétrica. Enquanto os *encoders* geram impulsos digitais, os *resolvers* geram sinais analógicos. São conhecidos, também, como geradores de impulso e são importantes diante da automação industrial, uma vez que indicam a posição, a direção e/ou a velocidade de uma peça que compõe determinado sistema.

Figura 9. *Encoder.*
Fonte: Global Encoder (2018, documento on-line).

Considerando a sua importância, esses dispositivos precisam ser verificados periodicamente para a identificação de desvios ou defeitos como: desvios em rolamentos; erros de acoplamento e erros induzidos por dispositivos de leitura. O trabalho de verificação é feito por equipe especializada, que utiliza instrumentos, laboratórios e *softwares* adequados para a realização das inspeções e dos testes.

Link

No link a seguir, você conhecerá algumas técnicas de manutenção preditiva e os seus benefícios, incluindo vantagens relacionadas à redução de custos e de falhas.

https://goo.gl/6ADSeQ

Exercícios

1. Considerando o aumento da complexidade dos sistemas industriais diante da intensificação da automatização, as manutenções elétricas e eletrônicas têm ganhado notoriedade no cenário organizacional. Sobre essas manutenções, pode-se afirmar que:

   a) a cobrança por aumento da produtividade em sistemas intensivos em capital faz com que a manutenção corretiva seja amplamente utilizada e adequada para sistemas elétricos e eletrônicos, uma vez que esse tipo de manutenção reduz paradas desnecessárias.

   b) o fato de os sistemas elétricos e eletrônicos serem constituídos de inúmeros itens pequenos e minuciosos impossibilita a implantação de técnicas de manutenção preditiva.

   c) o principal objetivo da adoção de manutenções preditiva e preventiva em sistemas elétricos e eletrônicos é a redução dos custos de manutenção oriundos de paradas aleatórias relacionadas à manutenção corretiva.

   d) as boas práticas de manutenção em sistemas elétricos e eletrônicos indicam que a adoção de manutenções preditiva e preventiva em sistemas elétricos contribui com os resultados organizacionais, uma vez que aumenta a confiabilidade dos sistemas e melhora aspectos relacionados à segurança pessoal e patrimonial.

   e) a frequência de falhas ocultas nos sistemas elétricos impossibilita a implantação da manutenção autônoma, um pilar na Manutenção Produtiva Total, em sistemas dessa natureza.

2. Muitas técnicas de manutenção preditiva podem auxiliar a identificar defeitos e desvios em equipamentos elétricos e eletrônicos e promover a atuação da manutenção antes que a falha se torne real. Uma técnica muito utilizada é a termografia. Sobre essa técnica, é correto afirmar que:

   a) se trata de uma técnica de inspeção destrutiva que tem como base a radiação infravermelha emitida pelos ativos a qual é proporcional à sua temperatura.

b) embora seja uma técnica que fornece informações assertivas para a tomada de decisão quanto às ações de manutenção, ainda é pouco utilizada nas indústrias.
c) o monitoramento das variações térmicas por meio da termografia permite inspecionar e qualificar conectores elétricos dos sistemas e programar parada de manutenção preventiva quando estritamente necessário.
d) uma das desvantagens da termografia é o custo associado à sua aplicação, que tende a ser maior que o custo da aleatória do sistema.
e) a termografia exige a parada do equipamento para realização das medições, o que consiste em desvantagem da aplicação da técnica.

3. Considere as afirmações a seguir sobre instrumentos utilizados em manutenções preditivas elétricas:
   I. Os termovisores são considerados sensores de temperatura e são utilizados para avaliar o superaquecimento dos sistemas.
   II. O voltímetro e o multímetro são instrumentos para medição da corrente elétrica e da tensão.
   III. O ohmímetro é utilizado para medir a resistência de um componente elétrico/eletrônico ou de um circuito. O instrumento insere no componente uma corrente predefinida, mede a tensão nos terminais e calcula a resistência.

É correto o que ser afirma em:
a) I.
b) I e II.
c) II e III.
d) I e III.
e) I, II e III.

4. A resistividade do solo é a medida de quanto o mesmo resiste à eletricidade. Trata-se de um indicador importante para realização de projetos de aterramento. A medida da resistividade pode ser feita por meio de arranjos distintos, sendo que:
a) O arranjo de Wenner orienta que se aloquem quatro eletrodos em linha reta com uma variação da distância entre eles, que deve ser três vezes maior que a distância de enterramento.
b) Independentemente do arranjo, fazer uma única medida é suficiente para compreender a resistividade e projetar o aterramento.
c) O arranjo de Schlumberger é uma variação do método dos quatro eletrodos no qual o espaçamento entre os eletrodos potencial deve variar uniformemente, enquanto os demais espaçamentos permanecem fixos.
d) O arranjo de Schlumberger orienta que se aloquem quatro eletrodos em linha reta com uma variação da distância entre eles, que deve ser, no mínimo, três vezes maior que a distância de enterramento.
e) O arranjo de Wenner orienta que se aloquem quatro eletrodos em linha reta obedecendo uma mesma distância entre eles, que deve ser, no mínimo, três vezes maior que a distância de enterramento.

5. Sobre a manutenção em blocos eletrônicos e placas de controle, é correto afirmar:

a) Bloco eletrônico é um conjunto de circuitos eletrônicos. Adota-se muito a estratégia de manutenção corretiva em blocos, uma vez que inexistem parâmetros de monitoramento do item.
b) O processo de manutenção das placas de controle pode ser composto pelas seguintes ações: monitoramento da tensão, avaliação das conexões, identificação de problemas, seleção da solução mais apropriada, realização da ação de manutenção (limpeza, troca, etc).
c) Técnicas relacionadas ao monitoramento de temperatura, como a termografia, não se aplicam à manutenção de blocos eletrônicos e placas de controle.
d) Nas placas de controle, os materiais condutores permanecem móveis, o que dificulta a aplicação das ações de manutenção nos sistemas.
e) Adotar estratégias de manutenções preventiva e preditiva em blocos e placas pode ser oneroso, uma vez que, quando esses ativos falham, o tempo médio de reparo é reduzido e as consequências da falha não são consideráveis.

Referências

ASSOCIAÇÃO BRASILEIRA DE NORMAS TÉCNICAS. *NBR 5410*. Instalações Elétricas de Baixa Tensão. Rio de Janeiro: ABNT, 2004.

ASSOCIAÇÃO BRASILEIRA DE NORMAS TÉCNICAS. *NBR 5462*. Confiabilidade e mantenabilidade. Rio de Janeiro: ABNT, 1994.

BORBA, J. I. C. *Rendimento de motores elétricos através da aplicação de inversor de frequência*. 2018. 27 f. Projeto de estágio (Estágio Curricular de Engenharia Elétrica) - Universidade do Planalto Catarinense, Lages, 2018. Disponível em: <https://revista.uniplac.net/ojs/index.php/engeletrica/article/view/3724/1323>. Acesso em: 10 ago. 2018.

BRASIL. Ministério do Trabalho e Emprego. *Portaria MTPS nº 508, de 29 de abril de 2016*. Altera a Norma Regulamentadora nº 10 - Segurança em Instalações e Serviços em Eletricidade. Brasília, DF, 2016. Disponível em: <http://sislex.previdencia.gov.br/paginas/66/MTPS/2016/508.htm>. Acesso em: 10 ago. 2018.

FINOCCHIO, M. A. F. *Manutenção elétrica*. Cornélio Procópio: Universidade Tecnológica Federal do Paraná, 2013.

GLOBAL ENCODER. *Encoders*. 2018. Disponível em: <http://www.globalencoder.com/xist4c/web/GESgroup---Encoders_id_4901_.htm>. Acesso em: 10 ago. 2018.

INSTITUTE OF ELETRICAL AND ELETRONICS ENGINEERS. *Guide for Safety in AC Substation Grounding*. Picataway: IEEE Power & Energy Society, 2000.

MOURA, D. J. et. al. Uso da termografia infravermelha na análise da termorregulação de cavalo em treinamento. *Engenharia Agrícola*, v. 31, n. 1, p. 23-32, 2011. Disponível em: <http://www.scielo.br/pdf/eagri/v31n1/v31n1a03>. Acesso em: 10 ago. 2018.

PEREIRA, A. L.; NEVES, F. L. *Gestão da manutenção*. Contagem: SENAI-CFP, 2017. Disponível em: <http://www.univasf.edu.br/~castro.silva/disciplinas/MAN/apostila_senai.pdf>. Acesso em: 10 ago. 2018.

PETORUTTI, L. A.; SOTILLE, C. A.; TAKAYANAGI, H. Método dos quatro eletrodos nos arranjos de Wenner e Schlumberger. *Aterramento elétrico*, n. 134, p. 20-22, mar. 2017. Disponível em: <www.osetoreletrico.com.br /category/fasciculos/2017/aterramento--eletricos/>. Acesso em: 10 ago. 2018.

RANGEL, L. A. F.; LIMA, M. J.; PINTO, M. F. Utilização da termografia na manutenção preventiva. *Bolsista de Valor*, v. 1, 2010. Disponível em: <http://www.essentiaeditora.iff.edu.br/index.php/BolsistaDeValor/article/view/1798>. Acesso em: 10 ago. 2018.

SOUSA, K. T. *Sistema de aquisição de dados para monitoramento de malha de terra energizada*. 2015. 66 f. Dissertação (Mestrado em Engenharia Elétrica) - Universidade Federal do Pará, Belém, 2015. Disponível em: <http://repositorio.ufpa.br/jspui/handle/2011/8027>. Acesso em: 10 ago. 2018.

TECNOFERRAMENTAS. *Ohmímetro*. 2018. Disponível em: <https://www.tecnoferramentas.com.br/busca?ft=Ohm%C3%ADmetro>. Acesso em: 10 ago. 2018.

VENTURA, D. R. *O voltímetro*. 09 dez. 2010. Disponível em: <http://portaldoprofessor.mec.gov.br/fichaTecnicaAula.html?aula=26310>. Acesso em: 10 ago. 2018.

Leituras recomendadas

SLACK, N. et al. *Administração da produção*. 2. ed. São Paulo: Atlas, 2007.

VEJA. *Sistema elétrico tem 2,2 mil falhas por ano*. 11 mar. 2013. Disponível em: <https://veja.abril.com.br/economia/sistema-eletrico-tem-22-mil-falhas-por-ano/>. Acesso em: 10 ago. 2018.

UNIDADE 3

Lubrificação

Objetivos de aprendizagem

Ao final deste texto, você deve apresentar os seguintes aprendizados:

- Identificar os conceitos de viscosidade, as principais propriedades dos lubrificantes e a lubrificação.
- Reconhecer os parâmetros de controle e manutenção dos lubrificantes e os sistemas de lubrificação.
- Definir o plano, o planejamento de lubrificação e as principais informações dispostas nas fichas de lubrificação.

Introdução

Neste capítulo, você vai estudar os principais conceitos e propriedades associados ao processo de lubrificação e reconhecer a importância desse procedimento nas intervenções de manutenção e no correto funcionamento das máquinas e equipamentos.

Além disso, vai identificar os parâmetros mais relevantes relativos ao controle e manutenção dos sistemas de lubrificação e a importância da efetivação de um correto planejamento de lubrificações a partir de roteiros pré-definidos.

Lubrificação: conceitos principais

Segundo Viana (2002), a lubrificação em uma planta industrial tem um papel de bastante relevância, uma vez que é essencial para a conservação dos elementos mecânicos, máquinas e equipamentos. Seu papel é introduzir um composto apropriado, geralmente um óleo lubrificante, entre superfícies sólidas que estejam em contato entre si. O objetivo principal da lubrificação é reduzir o atrito entre duas superfícies ajustadas entre si, minimizando atrito interno e evitando, assim, desgaste e temperaturas indesejáveis do trabalho a partir da inclusão de uma substância lubrificante entre tais superfícies (VIEIRA, 2002).

São funções da lubrificação diminuir o atrito entre peças, controlar o desgaste de máquinas e equipamentos, incrementar a vida útil do maquinário, controlar a temperatura por conta do contato entre as superfícies, diminuir as questões associadas à corrosão dos materiais, viabilizar a transmissão de força, permitir o amortecimento de choques, vedações e a remoção de contaminantes (PAULI; ULIANA, 1997).

Para que o processo de lubrificação seja adequado, é preciso considerar alguns aspectos importantes, como: o tipo de lubrificante a ser empregado, a qualidade e a finalidade desse tipo de lubrificante, a quantidade alocada e a aplicação correta no item que demanda o serviço de lubrificação (PAULI; ULIANA, 1997). Esses aspectos são fundamentais, principalmente, no que se refere ao plano de lubrificação, uma vez que qualquer ponto efetivado de maneira incorreta poderá implicar em máquinas desajustadas e em um ambiente de trabalho não controlado. A seguir, você verá mais alguns conceitos relevantes no procedimento de lubrificação industrial.

Viscosidade

A viscosidade é uma medida quantitativa da resistência de um fluido ao escoamento e determina a taxa de deformação do fluido que é gerada pela aplicação de uma dada tensão de cisalhamento (WHITE, 2018). É um dos aspectos mais relevantes na escolha de um lubrificante, de modo que um lubrificante não deve ser nem muito nem pouco viscoso. Um lubrificante precisa manter as películas entre peças em um movimento relativo e não deve permitir resistência excessiva ao movimento entre as peças. Assim, o equilíbrio é fundamental.

Segundo White (2018, p. 53),

> A viscosidade do fluido é uma medida de sua "resistência à deformação". A viscosidade resulta da força de atrito interno desenvolvida entre as diferentes camadas de fluidos, à medida que são forçadas a se mover uma em relação às outras.

A viscosidade pode ser influenciada por diversos fatores, como velocidade, pressão, temperatura, folgas e acabamento. Em relação à velocidade, quanto maior for a velocidade do fluido, menor será a viscosidade; assim, a especificação da película lubrificante é determinada de modo mais fácil. Em termos de pressão, quanto maior for o nível ou carga de pressão aplicada, maior deverá ser a viscosidade do lubrificante. Quanto à temperatura, "a viscosidade dos líquidos decresce com a temperatura, ao passo que a dos gases aumenta com a temperatura" (WHITE, 2018, p. 53).

No que se refere às folgas entre as peças e equipamentos, espera-se que quanto menores forem as folgas, menos viscoso seja o lubrificante, para que a penetração do fluido seja eficiente. Em relação ao acabamento, recomenda-se que quanto melhor for o acabamento das peças, o uso de lubrificantes menos viscosos deve ser o mais adequado.

Por considerar diferentes situações em termos de viscosidade, a especificação da viscosidade dos lubrificantes é uma atividade complexa e precisa, antes de tudo, considerar as especificações de projeto das peças e equipamentos. Dessa forma, quanto maior for a viscosidade do fluido — neste caso, os lubrificantes —, mais complicada será a movimentação de determinadas peças e equipamentos (WHITE, 2018). Assim, é importante reconhecer a relevância da viscosidade para o processo de lubrificação.

A viscosidade é representada pelo coeficiente de viscosidade μ, que se refere a uma constante de proporcionalidade entre a tensão de cisalhamento (τ) e o gradiente de velocidade dos fluidos, conforme apresenta a equação 1 (WHITE, 2018).

$$\tau = \mu \frac{d\theta}{dt} = \mu \frac{du}{dy} \qquad (1)$$

Segundo White (2018), qualquer fluido linear que siga o pressuposto da equação 1 é um fluido newtoniano; dessa forma, a viscosidade de fluidos newtonianos é uma propriedade termodinâmica e varia de acordo com a temperatura (T) e a pressão p. Assim, em um *continuum* de variação de temperatura e pressão, termos diversos níveis de viscosidade, conforme mostra a Tabela 1.

Tabela 1. Viscosidade dos principais fluidos (a 1 atm e 20 °C)

Fluido	μ, kg (m × s)*	Razão $\mu/\mu(H_2)$	ρ kg/m³	v m²/s	Razão $v/v(Hg)$
Hidrogênio	9,0 E-6	1,0	0,084	1,05 E-4	910
Ar	1,8 E-5	2,1	1,20	1,50 E-5	130
Gasolina	2,9 E-4	33	680	4,22 E-7	3,7
Água	1,0 E-3	114	998	1,01 E-6	8,7
Álcool etílico	1,2 E-3	135	789	1,52 E-6	13
Mercúrio	1,5 E-3	170	13.550	1,16 E-7	1,0
Óleo SAE 30	0,29	33.000	891	3,25 E-4	2.850
Glicerina	1,5	170.000	1.260	1,18 E-3	10.300

*1 kg/(m × s) = 0,0209 slug/(ft × s); 1 m²/s = 10,76 ft²/s

Fonte: White (2018).

Além disso, é preciso considerar que qualquer alteração na viscosidade do lubrificante traz um *trade-off* entre melhoria e piora do desempenho das máquinas e dos equipamentos. Por isso, esse equilíbrio em termos de viscosidade é necessário para evitar possíveis falhas e quebras. Assim, cabe ao gestor de manutenção estabelecer planos de lubrificação que determinem situações de redução ou aumento da viscosidade dos fluidos lubrificantes. Geralmente, a redução de viscosidade está associada à contaminação do lubrificante por outras substâncias, e o aumento da viscosidade pode estar ligado à oxidação do fluido, à presença de água ou outros sólidos ou, ainda, à contaminação com outro tipo de fluido lubrificante com maior viscosidade.

> **Fique atento**
>
> A viscosidade de um fluido aumenta ligeiramente com a pressão; no entanto, a temperatura tem um forte efeito, e o coeficiente de viscosidade μ aumenta com a temperatura para gases e diminui para líquidos.
> *Fonte:* White (2018).

Lubrificantes: aspectos principais

Os lubrificantes são substâncias que funcionam como ferramenta para a redução do atrito entre superfícies. Podem ser classificados mediante seu estado físico, podendo ser líquidos, pastosos, sólidos ou gasosos. Vieira (2002) afirma que, no contexto industrial, os lubrificantes mais utilizados são os líquidos (óleos) e semissólidos (graxas).

Os óleos lubrificantes são oriundos de bases cruas de petróleo a partir de sua parte mais viscosa (VIEIRA, 2002) e são subdivididos em: (a) óleos minerais puros, oriundos da destilação e refinação do petróleo; (b) óleos graxos, que podem ter origem vegetal, diretamente extraídos de grãos e sementes; ou animal, provenientes de tecidos animais; (c) óleos compostos, que admitem uma mistura de óleos minerais e graxos; (d) óleos aditivados, que são substâncias minerais puras somadas a aditivos, de forma a obter uma nova propriedade ou finalidade do lubrificante; e (e) óleos sintéticos, que são oriundos de processos petroquímicos industriais e admitem os maiores custos.

As graxas lubrificantes são produtos de dispersão de um agente espessante em um lubrificante líquido, com uma consistência entre sólida e semifluida, podendo conter outros ingredientes destinados a lhe conferir propriedades especiais (AMERICAN..., 1978). As graxas são utilizadas, principalmente, em casos nos quais os lubrificantes líquidos não admitem desempenho satisfatório. Podem ser: 1) graxas de sabão metálico, baseadas em óleos minerais puros e sabões metálicos, ou seja, indicam a mistura de um óleo e um metal; 2) graxas sintéticas, que são formadas por óleos ou sabões sintéticos; 3) graxas à base de argila, oriundas de óleos minerais puros e argilas específicas com granulação especial, geralmente bem fina; 4) graxas betuminosas, que admitem formulação à base de asfalto e óleos minerais; e 5) graxas para processo, que podem conter substâncias sólidas ou aditivos.

Cabe ao gestor e à equipe de manutenção verificar qual opção de lubrificante é mais adequada às necessidades do maquinário. Para tanto, algumas vantagens dos óleos e graxas lubrificantes devem ser avaliadas, conforme mostra o Quadro 1.

Quadro 1. Vantagens de óleos e graxas lubrificantes

Óleos lubrificantes	Graxas lubrificantes
Melhor dissipação do calor	Admitem uma melhor vedação contra água e impurezas
Melhor lubrificação em altas velocidades	Maior adesividade (aderência)
Maior resistência à oxidação	Maior economia, uma vez que escorrem menos que os óleos

Além da viscosidade, os lubrificantes admitem mais duas propriedades principais: o ponto de congelamento e o ponto de fulgor (PAULI; ULIANA, 1997). O ponto de congelamento se refere à temperatura em que o fluido lubrificante deixa efetivamente de escoar; dessa forma, espera-se que um bom lubrificante tenha um baixo nível ou ponto de congelamento, de modo que mantenha o devido funcionamento das máquinas e dos equipamentos, ainda que eles estejam sujeitos a temperaturas menores. Já o ponto de fulgor corresponde à temperatura na qual o fluido lubrificante se inflama quando em contato direto com faíscas ou chamas; assim um bom lubrificante deve admitir um elevado ponto de fulgor para manter o bom funcionamento do maquinário até mesmo em temperaturas maiores.

Existem algumas propriedades adicionais dos lubrificantes, como: boa capacidade de fluidez; estabilidade eficiente em relação a não sofrer alterações físico-químicas em sua utilização; neutralidade em relação a evitar agressões ao maquinário e corrosões desnecessárias; e oleosidade, relativa à capacidade de aderência do fluido as superfícies (PAULI; ULIANA, 1997).

> **Saiba mais**
>
> Os aditivos correspondem a substâncias químicas agregadas a óleos e graxas que têm como objetivo melhorar a efetividade e a qualidade desses fluidos lubrificantes. As principais vantagens associadas à adição de substâncias aditivas a fluidos lubrificantes são:
> - Aumentar a aderência do fluido ao maquinário;
> - Aumentar o nível de viscosidade;
> - Proteger o maquinário contra situações de desgaste;
> - Evitar corrosões por conta de sua característica antioxidante;
> - Reduzir impurezas por conta de sua característica detergente.
>
> *Fonte:* Pauli e Uliana (1997).

Controle e manutenção de lubrificantes

Devido à importância dos procedimentos de lubrificação para o correto funcionamento do maquinário, é imprescindível estabelecer medidas de controle dos planos de lubrificação. Geralmente, o controle desse plano é realizado diariamente, com a verificação da rotina do pessoal de lubrificação e dos documentos gerados na inspeção. O trabalho de controle do plano de lubrificação é, na maioria das vezes, de reponsabilidade do gestor de planejamento de controle da manutenção.

Os principais pontos que constam no controle da lubrificação industrial são: verificação dos serviços de lubrificação que serão ou foram realizados; identificação dos serviços de lubrificação que não foram executados, de forma a estabelecer uma prioridade entre os maquinários com necessidades de lubrificação mais urgentes; verificação das observações reportadas pelos operadores e pela equipe de lubrificação quanto ao comportamento do maquinário e a efetividade da lubrificação; exame dos níveis de estoque de óleos e graxas lubrificantes e do material adicional necessário para operacionalização dos procedimentos de lubrificação; e o correto processamento das informações sobre lubrificação, que pode ser conduzido mediante sistemas de informação, viabilizando um banco de dados de controle dos serviços de lubrificação (VIEIRA, 2002).

Um ponto importante no controle e manutenção dos lubrificantes diz respeito à estocagem dos materiais lubrificantes, que deve ser feita com bastante cuidado. Algumas medidas são importantes para garantir a efetividade da estocagem de lubrificantes e materiais adicionais (PAULI; ULIANA, 1997):

- Evitar quedas, furos e amassos nas embalagens;
- Não colocar tambores de armazenamento de fluidos em contato direto com o chão;
- Não rolar tambores de armazenamento de fluidos;
- Efetivar um correto acondicionamento das embalagens de fluidos lubrificantes;
- Efetivar o transporte de fluidos lubrificantes por meio de empilhadeiras manuais ou automáticas;
- Utilizar pallets padronizados na estocagem das embalagens de fluidos lubrificantes;
- Evitar a contaminação dos fluidos lubrificantes por água e outras substâncias.

Além disso, outro aspecto que vem sendo efeito no controle dos procedimentos de lubrificação se refere à reciclagem de fluidos lubrificantes (HERWEG; BEZERRA; LACAVA FILHO, 2010). A reciclagem de óleos lubrificantes usados ganha cada vez mais visibilidade no contexto industrial. A necessidade de adequação a normas e requisitos de legislações ambientais exige que as organizações estejam atentas ao reuso e descarte adequado das substâncias químicas que utilizam, contexto no qual os lubrificantes estão inseridos.

Segundo Herweg, Bezerra e Lacava Filho (2010), o rerrefino de óleos lubrificantes é uma solução viável para a redução do impacto dos fluidos lubrificantes no meio ambiente. Geralmente, os óleos e graxas lubrificantes não são totalmente consumidos no processo de lubrificação, gerando resíduos adicionais. Assim, o rerrefino consiste na desidratação e remoção de partículas de óleos e graxas lubrificantes por meio de procedimentos como destilação atmosférica, tratamento do óleo desidratado com ácido sulfúrico e neutralização com absorvente.

Herweg, Bezerra e Lacava Filho (2010) definem que a vantagem principal da reciclagem de óleos lubrificantes diz respeito à redução e/ou à eliminação do uso de substâncias ácidas e a subsequente geração de resíduos ácidos. A reciclagem origina apenas água e material filtrante penetrado com óleo, produtos da oxidação e resíduos antes presentes no óleo lubrificante.

> **Link**
>
> Confira mais alguns detalhes sobre o papel da logística reversa no processo de reciclagem de fluidos lubrificantes.
>
> https://goo.gl/eq9U9z

Sistemas de lubrificação

Os sistemas de lubrificação consistem em métodos para a operacionalização dos procedimentos de lubrificação. Esses sistemas de lubrificação podem ser classificados por diversas características, como gravidade e capilaridade, ou pelo método, como salpico ou imersão (PAULI; ULIANA, 1997; CARRETEIRO; BELMIRO, 2006; GRANDO, 2010), conforme serão descritos a seguir.

Os sistemas de lubrificação por gravidade podem ser manuais, copo com agulha ou vareta e copo conta-gotas (Figura 1). Pauli e Uliana (1997) definem a lubrificação manual como sendo uma lubrificação conduzida por almotolias; assim, não é possível conseguir uma eficácia do método, pois não é permitida a produção de uma camada de lubrificante homogênea. Além disso, um dos pontos de ineficácia desse método é a grande dependência da mão de obra humana (GRANDO, 2010). A lubrificação por copo ou vareta utiliza uma agulha até o eixo do equipamento para a introdução do lubrificante; segundo Pauli e Uliana (1997), esse método permite que o lubrificante continue fluindo enquanto o eixo encontra-se em movimento. A lubrificação mediante o copo conta-gotas permite um maior controle da quantidade e da dosagem de lubrificante utilizada (CARRETEIRO; BELMIRO, 2006) e é um dos métodos mais utilizados na indústria.

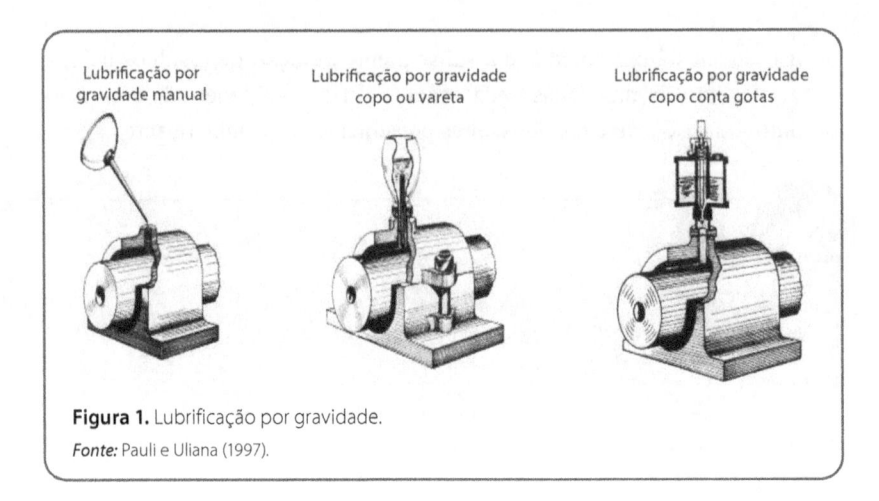

Figura 1. Lubrificação por gravidade.
Fonte: Pauli e Uliana (1997).

A lubrificação por capilaridade pode ser tanto por copo com mecha quanto por estopa (Figura 2). A lubrificação por copo com mecha, de acordo com Carreteiro e Belmiro (2006), tem como característica o fato de que o lubrificante é vazado até a peça por um pavio; assim, a vazão do lubrificante depende da viscosidade, da temperatura e da dimensão do pavio (GRANDO, 2010). Já a lubrificação por estopa acontece mediante uma estopa ou almofada encharcada com o fluido lubrificante, que vaza por capilaridade até a peça ou o equipamento (PAULI; ULIANA, 1997).

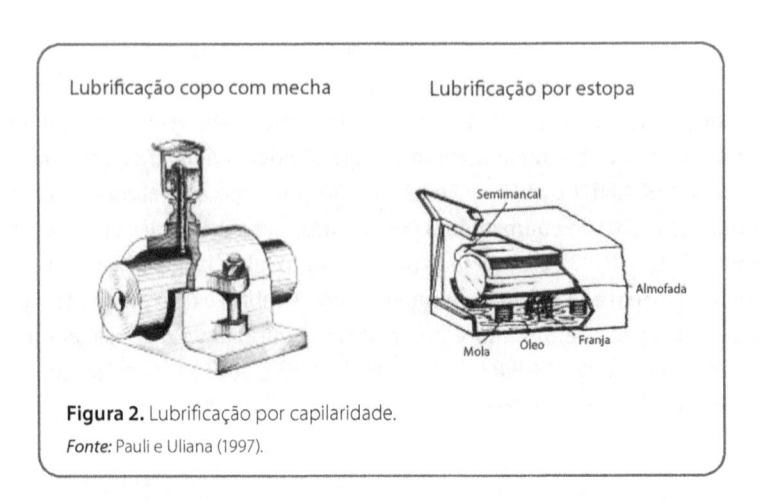

Figura 2. Lubrificação por capilaridade.
Fonte: Pauli e Uliana (1997).

A lubrificação por salpico pode acontecer por anel ou corrente ou por colar (Figura 3). A lubrificação por anel acontece quando o óleo lubrificante é depositado na parte inferior das peças (GRANDO, 2010); assim, um anel é fixado no eixo das peças e, a partir de sua rotação, o lubrificante é espalhado pela peça (PAULI; ULIANA, 1997). A lubrificação por colar utiliza o mesmo procedimento da lubrificação por anel; a diferença é que, nesse método, o anel é substituído por um colar, que faz o transporte do óleo por meio das ranhuras existentes nele (GRANDO, 2010).

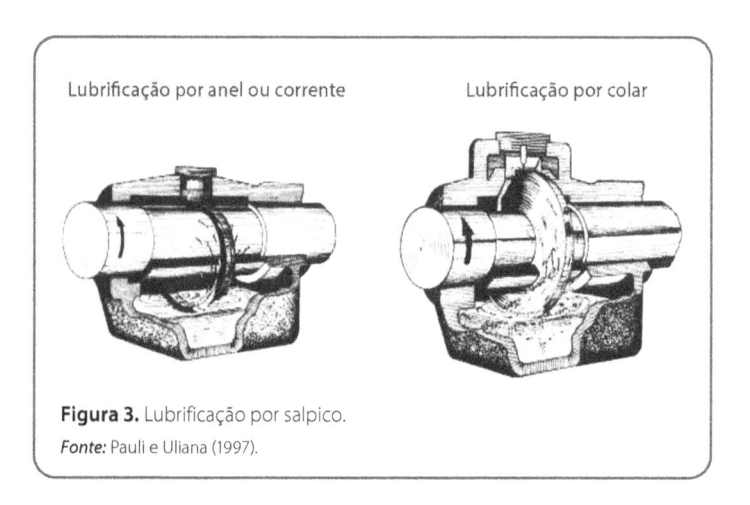

Figura 3. Lubrificação por salpico.
Fonte: Pauli e Uliana (1997).

A lubrificação por imersão (Figura 4) acontece quando as peças são submersas no lubrificante (PAULI; ULIANA, 1997) e, além disso, o lubrificante em excesso é transportado para outras peças por meio das ranhuras. Nesse tipo de lubrificação, o óleo, além de lubrificar, age como resfriador, então é necessário um controle constante da utilização (CARRETEIRO; BELMIRO, 2006).

Figura 4. Lubrificação por imersão.
Fonte: Pauli e Uliana (1997).

A lubrificação por sistema fechado pode acontecer por perda ou por circulação (Figura 5). A lubrificação por perda é feita por meio de uma bomba, que retira o lubrificante de um reservatório e o força entre as superfícies (GRANDO, 2010). A lubrificação por circulação ocorre pelo bombeamento do lubrificante até onde se deseja lubrificar; depois, esse lubrificante retorna ao reservatório, ocasionando uma circulação (CARRETEIRO; BELMIRO, 2006).

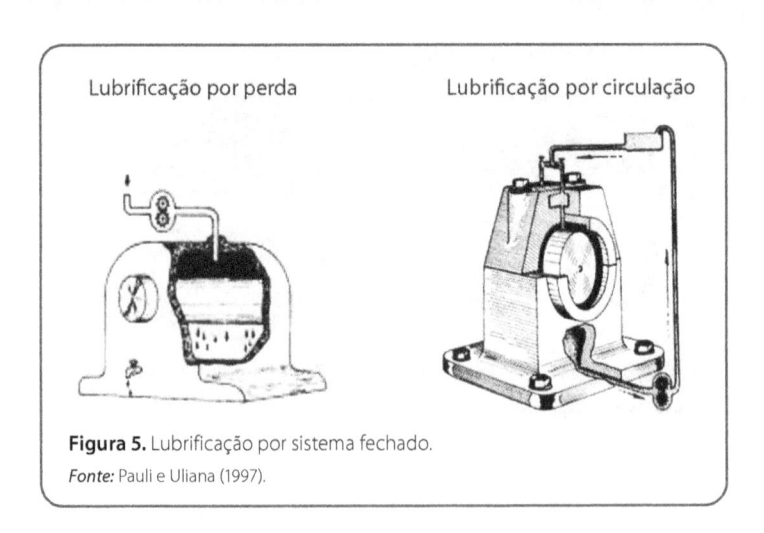

Figura 5. Lubrificação por sistema fechado.
Fonte: Pauli e Uliana (1997).

A lubrificação por graxa pode ser: por pincel ou espátula, por pistola, por copo *stauffer* e por enchimento (Figura 6). A lubrificação por pincel ocorre quando a graxa é depositada na peça por um pincel ou espátula (PAULI; ULIANA, 1997). Na lubrificação por pistola, a graxa é depositada na peça por um dispositivo chamado pistola (CARRETEIRO; BELMIRO, 2006). A lubrificação por copo *stauffer* ocorre quando acontece o giro da tampa do copo e a graxa é depositada pelo fim do copo (GRANDO, 2010). A lubrificação por enchimento consiste na introdução da graxa até que se complete metade do reservatório (PAULI; ULIANA, 1997).

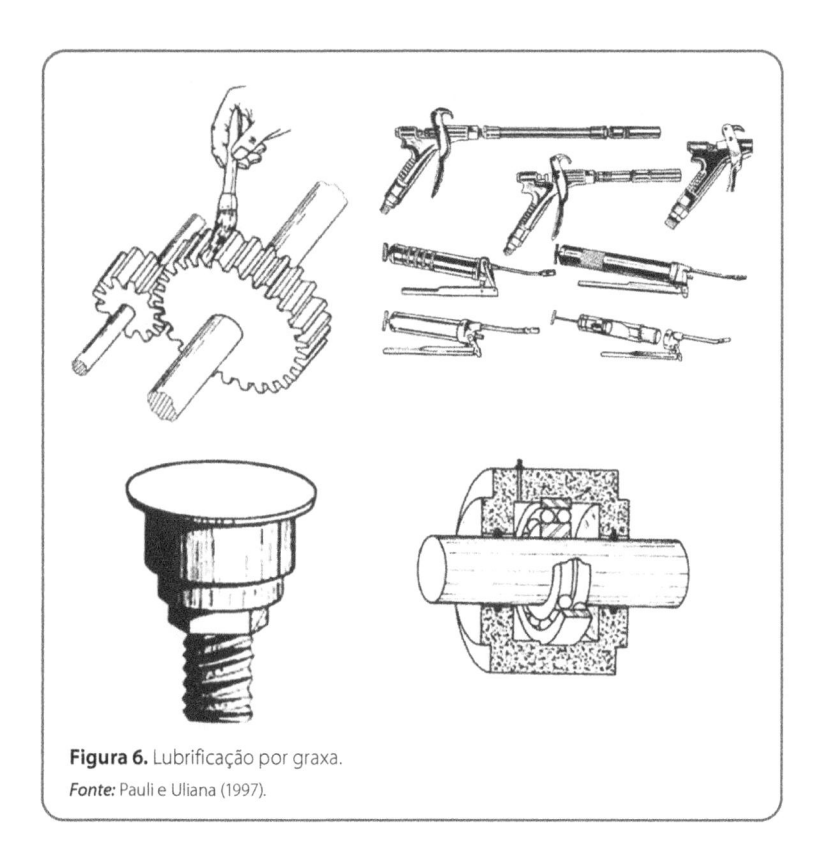

Figura 6. Lubrificação por graxa.
Fonte: Pauli e Uliana (1997).

Planejamento de lubrificação

O planejamento do processo de lubrificação corresponde a uma das categorias mais relevantes do plano de manutenção preventiva. O plano de lubrificação, muitas vezes, é operacionalizado por meio dos roteiros de lubrificação e viabiliza o controle das manutenções das máquinas e equipamentos, assim como o consumo de peças, filtros, mão de obra, combustíveis e todos os materiais adicionais utilizados nos procedimentos de lubrificação industrial. Consiste em uma ferramenta que facilita o planejamento e o controle das lubrificações e manutenções do maquinário.

Um dos primeiros pontos a serem verificados na condução do roteiro de lubrificação é a consideração dos elementos mecânicos que serão passiveis de lubrificação. Vieira (2002) considera que estão sujeitos à manutenção elementos mecânicos como mancais, engrenagens, cilindros, entre outros. Devido a essa diversidade e complexidade de itens, é importante planejar com cuidado os planos de lubrificação.

Segundo Vieira (2002), o primeiro passo na especificação do plano de lubrificação é a determinação do tipo de lubrificante, se será óleo ou graxa lubrificante, e das características do maquinário que será submetido às intervenções de lubrificação. Depois disso, é importante estabelecer os métodos de aplicação da lubrificação ou os sistemas de lubrificação, ou seja, como o procedimento de lubrificação será operacionalizado.

Definidos esses aspectos, os formulários ou roteiros de lubrificação serão especificados. Vieira (2002) afirma que os roteiros de lubrificação irão agregar o conjunto de equipamentos envolvidos no processo de lubrificação, evidenciando a localização no chão de fábrica, o tipo de lubrificante que será usado e o tipo de sistema de lubrificação que será empregado. Isso facilita as rotinas de lubrificação e torna esse processo mais eficiente.

Vieira (2002) ainda define que cada ponto do roteiro de lubrificação será relacionado a uma ordem de manutenção, e cabe ao plano de lubrificação agrupar essas ordens para a execução; logo, a realização dos roteiros de lubrificação implica na efetivação de diversas ordens de manutenção, e esse fato agiliza o planejamento geral das intervenções de manutenção.

As inspeções cotidianas dos níveis de lubrificação serão de reponsabilidade dos próprios operadores das máquinas e dos equipamentos, ou seja, o plano de lubrificação pode funcionar junto aos planos de manutenção autônoma prevista na Manutenção Produtiva Total (TPM). Isso permite uma maior integração entre as ações de manutenção e uma maior agilidade entre a identificação dos defeitos e falhas e a efetiva solução. A Figura 7, a seguir, apresenta um modelo básico de plano de lubrificação.

```
DATA DA MANUTENÇÃO: PÁGINA 1
TIPO DE MANUTENÇÃO:
CENTRO DE CUSTO:
EQUIPE RESPONSÁVEL:
ROTEIRO DE LUBRIFICAÇÃO:
------------------------------------------------

TAG: EQUIPAMENTO
ORDEM MANUTENÇÃO    TAREFA   DESCRIÇÃO              DATA MANUTENÇÃO
PTOS
670.003             10       LUBRIFICAR EQUIPAMENTO 27/07/2001
4

ITEM       DESCRIÇÃO       QUANTIDADE      UNIDADE
334555     GRAXA TX-200    1,0             KG
------------------------------------------------

TAG: EQUIPAMENTO
ORDEM MANUTENÇÃO    TAREFA   DESCRIÇÃO              DATA MANUTENÇÃO
PTOS
670.053             10       LUBRIFICAR EQUIPAMENTO 27/07/2001
5

ITEM       DESCRIÇÃO       QUANTIDADE      UNIDADE
334556     GRAXA TX-200    1,0             KG
------------------------------------------------

TAG: EQUIPAMENTO
ORDEM MANUTENÇÃO    TAREFA   DESCRIÇÃO              DATA MANUTENÇÃO
PTOS
670.453             10       LUBRIFICAR EQUIPAMENTO 27/07/2001
5

ITEM       DESCRIÇÃO       QUANTIDADE      UNIDADE
33456      GRAXA TX-200    1,0             KG
------------------------------------------------

TAG: EQUIPAMENTO
ORDEM MANUTENÇÃO    TAREFA   DESCRIÇÃO              DATA MANUTENÇÃO
PTOS
670.345             10       LUBRIFICAR EQUIPAMENTO 27/07/2001
5

ITEM       DESCRIÇÃO       QUANTIDADE      UNIDADE
334556     GRAXA TX-200    1,0             KG
------------------------------------------------

OBSERVAÇÕES:
```

Figura 7. Modelo de plano de lubrificação.
Fonte: Vieira (2002).

Dessa forma, é importante definir etapas para a efetivação do plano de lubrificação no contexto industrial. Veja, na Figura 8, um roteiro de etapas para o planejamento das intervenções de lubrificação.

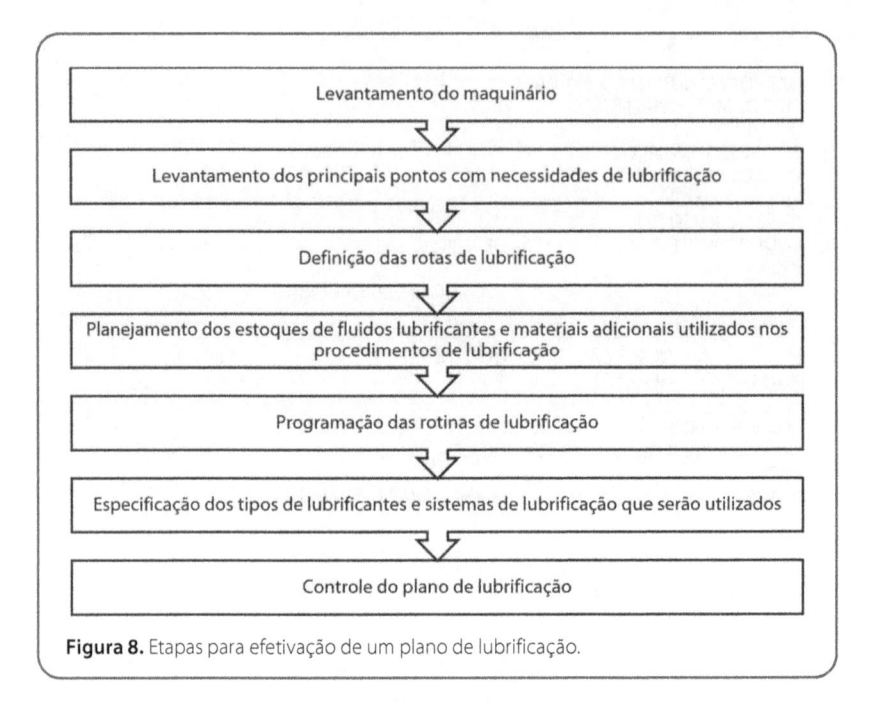

```
┌─────────────────────────────────────────────────────────────────────┐
│                    Levantamento do maquinário                        │
└─────────────────────────────────────────────────────────────────────┘
                                  ⇅
┌─────────────────────────────────────────────────────────────────────┐
│    Levantamento dos principais pontos com necessidades de lubrificação │
└─────────────────────────────────────────────────────────────────────┘
                                  ⇅
┌─────────────────────────────────────────────────────────────────────┐
│                  Definição das rotas de lubrificação                 │
└─────────────────────────────────────────────────────────────────────┘
                                  ⇅
┌─────────────────────────────────────────────────────────────────────┐
│  Planejamento dos estoques de fluidos lubrificantes e materiais     │
│      adicionais utilizados nos procedimentos de lubrificação        │
└─────────────────────────────────────────────────────────────────────┘
                                  ⇅
┌─────────────────────────────────────────────────────────────────────┐
│                Programação das rotinas de lubrificação               │
└─────────────────────────────────────────────────────────────────────┘
                                  ⇅
┌─────────────────────────────────────────────────────────────────────┐
│ Especificação dos tipos de lubrificantes e sistemas de lubrificação │
│                         que serão utilizados                         │
└─────────────────────────────────────────────────────────────────────┘
                                  ⇅
┌─────────────────────────────────────────────────────────────────────┐
│                   Controle do plano de lubrificação                  │
└─────────────────────────────────────────────────────────────────────┘
```

Figura 8. Etapas para efetivação de um plano de lubrificação.

Primeiramente, o gestor de manutenção deve realizar um inventário com todo o maquinário da organização; depois, é necessário verificar que ativos irão precisar das intervenções de lubrificação e definir uma ordem de prioridade para as máquinas e os equipamentos com necessidades mais urgentes. As rotinas de lubrificação serão especificadas com base nessas prioridades.

É importante, também, verificar o nível dos estoques de fluidos lubrificantes e materiais adicionais que serão empregados nas rotinas de lubrificação de forma a garantir a efetivação das ações de lubrificação e a disponibilidade do maquinário. A programação das rotinas de lubrificação deve fazer parte do planejamento e controle da manutenção e necessita ser atualizada periodicamente.

Após isso, serão definidos o tipo de lubrificante e o sistema de lubrificação que serão utilizados a partir da avaliação da sua adequação às necessidades do maquinário. Por fim, então, as ações de controle do plano de lubrificação serão implementadas, lembrando que o acompanhamento das intervenções de lubrificação deve ser contínuo.

Saiba mais

A falta de um plano de lubrificação adequado pode afetar diretamente a operacionalidade das máquinas e equipamentos e ter reflexos no tempo de vida útil destes. Algumas desvantagens associadas à falta de um correto plano de lubrificação do maquinário são:
- Ampliação do desgaste das peças;
- Ampliação do atrito;
- Aumento do desalinhamento;
- Maior nível de ruído;
- Dilatação e/ou ruptura de peças;
- Superaquecimento de peças.

Exercícios

1. Qual dos itens a seguir corresponde a uma função do processo de lubrificação?
   a) Garantir a manutenibilidade do sistema.
   b) Permitir a viabilização da manutenção produtiva total.
   c) Reduzir o atrito entre as peças e os equipamentos.
   d) Reduzir a vida útil do maquinário.
   e) Aumentar a corrosão das peças e equipamentos.

2. No que se refere ao processo de lubrificação de máquinas e equipamentos, é correto afirmar que:
   a) a viscosidade não é uma propriedade relevante dos lubrificantes e não deve ser analisada no processo de lubrificação.
   b) os óleos lubrificantes são produtos de dispersão de um agente espessante em um lubrificante líquido, com uma consistência entre sólida e semifluida.
   c) a reciclagem de óleos e graxas lubrificantes não é um procedimento recomendado, uma vez que partículas metálicas restantes após a reciclagem podem danificar as superfícies em contato.
   d) são propriedades adicionais dos lubrificantes: efetiva capacidade de fluidez, estabilidade físico-química, neutralidade e oleosidade.
   e) os lubrificantes podem ser estocados com os demais tipos de insumos, uma vez que não correm risco de contaminação.

3. Os sistemas de lubrificação são ferramentas que auxiliam na condução dos procedimentos de lubrificação. Existem vários tipos de sistemas de lubrificação, entre eles, o sistema de lubrificação por salpico, que pode ser:
   a) por anel/corrente ou por colar.
   b) por copo com mecha ou por estopa.
   c) manual, por copo com agulha/vareta ou por copo conta gotas.
   d) por imersão das peças.
   e) por perda ou por circulação.

4. O planejamento da lubrificação é um processo complexo e requer a observação de alguns aspectos para sua efetiva operacionalidade. Qual das alternativas contém uma parte integrante do plano de lubrificação?
   a) As intervenções de lubrificação em máquinas e equipamentos não prioritários.
   b) A determinação do tipo de lubrificante e do tipo de sistema de lubrificação que será utilizado.
   c) As rotinas de operação dos colaboradores de todo o chão de fábrica.
   d) O planejamento do estoque de matérias-primas de todo o processo produtivo.
   e) A não verificação do inventário de máquinas e equipamentos.

5. Os óleos lubrificantes são substâncias essenciais na manutenção de máquinas e equipamentos, pois permitem um melhor funcionamento dessas estruturas. Esses óleos podem ser classificados em:
   a) óleos minerais puros, óleos graxos, óleos compostos, óleos aditivados e óleos naturais.
   b) óleos minerais puros, óleos graxos, óleos simples, óleos aditivados e óleos sintéticos.
   c) óleos naturais, óleos graxos, óleos compostos, óleos aditivados e óleos sintéticos.
   d) óleos de minérios, óleos aditivados, óleos naturais, óleos sintéticos e óleos graxos.
   e) óleos minerais puros, óleos graxos, óleos compostos, óleos aditivados e óleos sintéticos.

Referências

AMERICAN SOCIETY FOR TESTING AND MATERIALS. *D288 Definitions of Terms Relating to Petroleum*. West Conshohocken: ASTM International, 1978.

CARRETEIRO, R. P.; BELMIRO, P. N. A. *Lubrificantes e lubrificação industrial*. Rio de Janeiro: Interciência, 2006.

GRANDO, E. G. *Métodos de aplicações de lubrificantes*. 2010. Monografia (Graduação em Engenharia Mecânica) – Faculdade de Engenharia de Bauru, Universidade Estadual Paulista Júlio de Mesquita Filho, Bauru, 2010.

HERWEG, A. M.; BEZERRA, R. A.; LACAVA FILHO, L. A. *Armazenagem, recuperação e descarte de óleos lubrificantes*. Bauru: Universidade Estadual Paulista Júlio de Mesquita Filho, 2010. Disponível em: <http://wwwp.feb.unesp.br/jcandido/manutencao/Grupo_22.pdf>. Acesso em: 29 jul. 2018.

PAULI, E. A.; ULIANA, F. S. *Lubrificação mecânica*. Vitória. Senai-ES, 1997.

VIEIRA, H. R. G. *Planejamento e controle da manutenção*. Rio de Janeiro: Qualitymark, 2002.

WHITE, F. *Mecânica dos fluidos*. 8. ed. Porto Alegre: Bookman, 2018.

UNIDADE 4

Sistemas produtivos

Objetivos de aprendizagem

Ao final deste texto, você deve apresentar os seguintes aprendizados:

- Analisar as características de projeto e planejamento da produção.
- Identificar mecanismos de falhas dos equipamentos, matéria-prima, instalações e pessoas.
- Reconhecer o conceito de disponibilidade e mecanismos de redução de tempos ociosos.

Introdução

Neste capítulo, você vai estudar os sistemas produtivos existentes na manufatura e nos serviços, verificar as principais características associadas a cada tipo de sistema, analisar a influência da perspectiva volume-variedade nos sistemas produtivos e como essa relação causa impacto nos custos e na flexibilidade dos sistemas de produção.

Além disso, você vai verificar a importância do planejamento adequado dos recursos produtivos na efetividade dos sistemas de produção e analisar a disponibilidade dos sistemas e a influência da ociosidade no desempenho eficiente dos sistemas produtivos.

Projeto e planejamento de sistemas produtivos

Os sistemas produtivos, segundo Moreira (2015), são um conjunto de atividades e operações inter-relacionadas envolvidas na produção de bens e serviços que interagem entre si, cada qual com sua responsabilidade. Essa integração irá determinar o resultado do sistema como um todo e a configuração de recursos combinados e integrados visa satisfazer as necessidades das partes interessadas (*stakeholders*) e dos clientes.

Esses sistemas são influenciados por fatores internos e externos à organização. Do ponto de vista interno, os sistemas de produção são influenciados pelos demais setores organizacionais, como finanças, pesquisa e desenvolvimento, marketing, compras, etc.; já sob a perspectiva externa, os principais fatores de influência são as questões políticas e econômicas, os consumidores, as novas tecnologias de processo, os concorrentes, entre outros.

Dada a relevância dos sistemas produtivos para a sobrevivência das organizações, o planejamento e projeto dos sistemas produtivos deve ser fundamentado não apenas nas necessidades internas, mas tem que considerar todo o ambiente no qual a organização encontra-se inserida e o correto alinhamento desse ambiente com os objetivos estratégicos. Assim, o principal objetivo do projeto de sistemas produtivos é assegurar que o desempenho dos processos esteja adequado ao que se está tentando alcançar, ou seja, aos objetivos estratégicos da organização.

Tipos de sistemas produtivos

Para entender o projeto dos sistemas produtivos, é necessário posicionar o processo produtivo sob a perspectiva volume-variedade. O volume está associado ao número de bens e serviços produzidos pela operação produtiva; a variedade abrange o *mix* de produtos/serviços resultantes das operações (SLACK et al., 2009; MOREIRA, 2015). Além disso, pode-se classificar os tipos de sistemas produtivos em relação a manufatura e aos serviços, conforme a Figura 1.

Figura 1. Tipos de sistemas produtivos em manufatura e em serviços.

Sistemas produtivos em manufatura

A seguir, será detalhada a classificação dos tipos de sistemas produtivos em relação à manufatura.

Processos de projeto

Os sistemas produtivos de projeto, de acordo com Slack et al. (2009), lidam com produtos discretos, frequentemente customizados. A produção é de longo prazo e admite baixo volume e alta variedade. As atividades podem ser alteradas ao longo do processo, o que implica em uma maior flexibilidade ao sistema de produção. O sistema de produção por projeto representa a diversidade máxima que se pode atingir na produção (MOREIRA, 2012).

Por conta da alta complexidade inerente a esse tipo de sistema, uma vez que o tipo de produto fabricado visa atender a uma necessidade bem específica do consumidor, há uma grande flexibilidade na alocação e no uso dos recursos produtivos. Além disso, esse tipo de sistema pode admitir uma grande ociosidade no intervalo entre os projetos. Como exemplos de sistemas produtivos de projeto, temos os canteiros de obra na construção civil, o processo de extração de petróleo e os estaleiros.

Processos de jobbing

O sistema de produção de *jobbing* admite uma produção de pequenos lotes de itens (baixo volume) com uma grande variedade. A principal característica desse tipo de sistema é o compartilhamento dos recursos de produção pelas operações. Os equipamentos são agrupados por função para permitir que os fluxos percorram os roteiros de fabricação necessários, não havendo conexão entre os centros produtivos (CORRÊA; CORRÊA, 2017).

Outras características do sistema produtivo de *jobbing* são: a fabricação de itens de tamanho menores, a menor imprevisibilidade do fluxo de produção, a baixa repetição, o trabalho único e a polivalência da mão de obra. Como exemplo desse tipo de sistema temos as ferramentarias e o segmento de alfaiataria.

Processos em lotes

Também conhecido por processo por bateladas, esse tipo de sistema admite como principal característica a fabricação em lotes, geralmente de um produto único ou de uma família de produtos em grande quantidade, de forma que a variedade desses itens é mais reduzida. Além disso, segundo Corrêa e Corrêa (2017), há a ocorrência de economias de escala nesse tipo de sistema produtivo.

O sistema de produção em lotes tende a ser repetitivo — a depender do tamanho do lote de fabricação, os itens podem ser padronizados nesses lotes, o sistema é relativamente flexível do ponto de vista dos recursos e a mão de obra é polivalente. Exemplos desse tipo de sistema são as indústrias têxteis, as indústrias de fabricação de máquinas e equipamentos e algumas indústrias de alimentos congelados e embalagens.

Processos de produção em massa

Os processos de produção em massa admitem um alto volume e uma variedade relativamente estreita e envolvem a produção de itens discretos fluindo ao longo das estações de trabalho em uma taxa preestabelecida (CORRÊA; CORRÊA, 2017). As estações de trabalho são arranjadas de forma linear de acordo com as etapas do processo produtivo, e as variantes dos itens não afetam o processo básico de produção.

As principais características desse tipo de sistema são: a produção de itens altamente padronizados, a demanda de produtos pelo mercado é mais estável, o projeto de produto é sujeito a poucas alterações no curto prazo, o nível de especialização é elevado e há pouca flexibilidade no sistema, principalmente em relação a alterações nos itens fabricados. Como exemplos de sistemas de produção em massa temos a indústria automobilística, a indústria de bebidas, a indústria de alimentos e a indústria de produção de eletrodomésticos.

Processos contínuos

Os sistemas contínuos de produção têm um volume muito alto e uma variedade muito baixa. O processamento dos itens é realizado de forma contínua, ou seja, o fluxo é ininterrupto, e o sistema opera por um longo período de tempo. Além disso, há certa previsibilidade do fluxo produtivo e a velocidade do fluxo origina um baixo estoque de material.

Esse tipo de sistema admite o uso intenso de tecnologia inflexível, ou seja, tem-se um maquinário altamente especializado, bem calibrado e disposto de acordo com o produto. Isso reflete na alta padronização dos itens, na redução do tempo de *setup* das operações e na baixa capacidade ociosa. Os principais exemplos de sistemas produtivos contínuos são as siderúrgicas, petroquímicas e os sistemas de distribuição de água e energia.

Sistemas produtivos em serviços

A seguir, será detalhada a classificação dos tipos de sistemas produtivos em relação aos serviços.

Serviços profissionais

Os serviços profissionais agregam atividades com poucas transações, orientadas para o processo, com um alto tempo de contato com os clientes, visando efetivamente atender as necessidades destes (MOREIRA, 2012). Dessa forma, o tempo dos clientes no processo é relativamente alto, exigindo que a equipe de projeto tenha uma combinação ótima de habilidades.

São processo baseados em pessoas, com alta customização das atividades e exigência de processos adaptáveis. Como exemplos, tem-se as empresas de consultoria, os serviços advocatícios e as auditorias.

Serviços em massa

Envolvem atividades com muitas transações de clientes, de modo que o tempo de contato com os clientes é limitado e há efetiva padronização das operações. A oferta é orientada ao produto, com maior parte do valor adicionado nas atividades de apoio (MOREIRA, 2012).

São processos com pouca ou nenhuma customização e as operações são previamente estabelecidas. Os principais exemplos de serviços em massa são os supermercados, os aeroportos e os serviços públicos de transporte e segurança.

Loja de serviços

A loja de serviços é uma categoria intermediária entre os serviços profissionais e os serviços de massa (MOREIRA, 2012). Admite um certo nível de contato com o cliente, a padronização do serviço é mediana e pressupõe certa customização, principalmente associada à venda customizada.

A prestação do serviço é realizada por meio de combinações de atividades dos escritórios de linha de frente e de retaguarda, e as necessidades dos clientes individuais são diagnosticadas e atendidas dentro dos limites dos serviços oferecidos. Como exemplos de loja de serviços, tem-se os serviços bancários, as lojas de departamento, os hotéis, os restaurantes, etc.

Customização em massa

A customização em massa consiste no processo de diferenciação de produtos, os quais devem atender às necessidades e desejos individuais do maior número de consumidores possível (SIEVÄNEN, 2002). Segundo Blecker et al. (2003), o objetivo da customização em massa é produzir produtos para um mercado relativamente grande e ao mesmo tempo atender necessidades específicas da maioria dos consumidores.

A customização em massa passou a ser uma nova exigência de mercado em termos dos sistemas produtivos, e as constantes mudanças de mercado, o surgimento de novas tecnologias de processo, a globalização e a redução do ciclo de vida dos produtos são fatores que impulsionaram essa nova configuração de sistema produtivo.

As principais características desse tipo de sistema produtivo são: busca por integração efetiva com os consumidores, maior flexibilidade das operações produtivas, logística de distribuição mais eficiente, projeto de produto mais adaptável, uso de sistemas de informação, gestão de custos por atividades e agilidade dos processos de fabricação.

Cabe ressaltar que a customização em massa não é uma personalização completa do produto, mas uma customização do produto mediante o diferencial competitivo que a empresa pode oferecer a seus consumidores. Abrange a entrega rápida de uma grande quantidade e variedade de produtos e/ou serviços com qualidade a um custo relativamente menor.

Saiba mais

Para que a customização em massa seja efetiva, é importante que as organizações estabeleçam algumas estratégias, como:
- Customização de serviços associados aos bens;
- Disponibilizar respostas rápidas ao longo da cadeia de valor;
- Modularizar componentes de produtos de forma a facilitar a customização.

Matriz volume-variedade em manufatura e serviços

A relação volume-variedade em manufatura e em serviços é muito utilizada para mostrar a relação entre características do produto e/ou serviço e seus impactos sobre o *layout*, a divisão do trabalho e o fluxo de materiais, entre outros aspectos. A versão clássica da matriz para processos de manufatura e de serviços está representada na Figura 2.

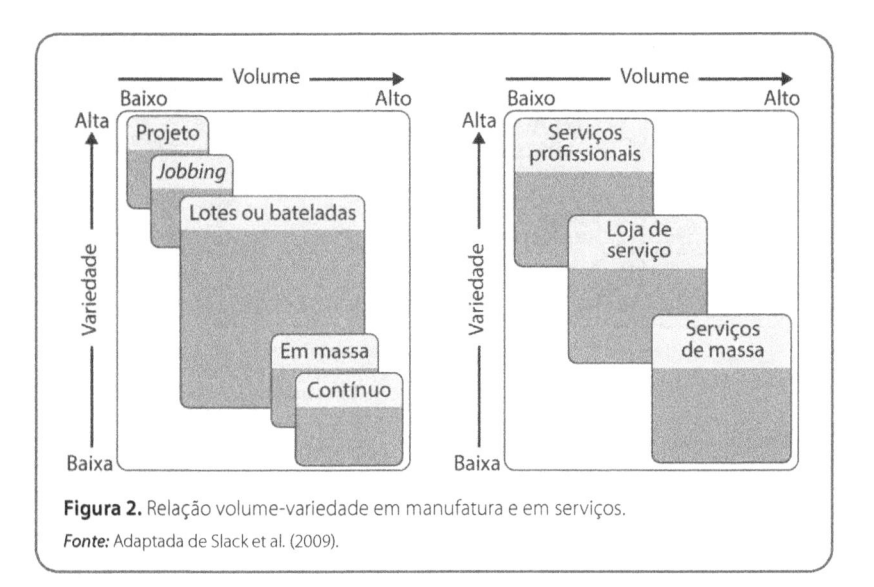

Figura 2. Relação volume-variedade em manufatura e em serviços.
Fonte: Adaptada de Slack et al. (2009).

É possível verificar a tendência, tanto em manufatura quanto em serviços, de que quanto maior for o volume de produção, menor será a variedade associada ao *mix* de produtos. Da mesma forma, quanto menor o volume de fabricação, maior a variedade associada aos itens produzidos.

Matriz produto-processo

Segundo Slack et al. (2009), tanto nas operações de manufatura quanto nas de serviços, devido à sobreposição dos diferentes tipos de processos, as organizações frequentemente podem escolher qual tipo de processo empregar. Essa escolha tem consequências para a operação, especialmente em termos de seu custo e flexibilidade, conforme pode-se ver na matriz produto-processo representada na Figura 3.

Figura 3. Matriz produto-processo.
Fonte: Adaptada de Hayes e Wheelwright (1984).

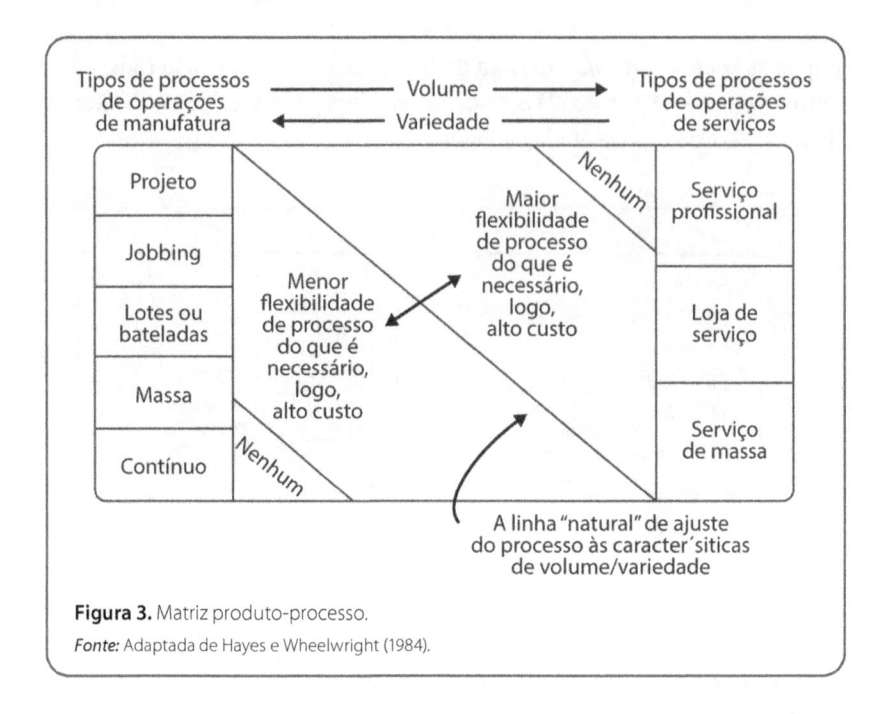

A maior parte das operações dentro dos sistemas produtivos admite uma tendência para a diagonal "natural" da matriz e nenhuma ou poucas operações são encontradas nos cantos extremos da matriz. Contudo, como há alguma sobreposição entre os vários tipos de sistemas produtivos, as operações podem ser posicionadas levemente para fora da diagonal (SLACK et al., 2009).

A diagonal natural da matriz corresponde a uma situação de custo mínimo de uma atividade dentro do sistema produtivo. As operações à direita da diagonal agregam atividades com menores volumes e maior variedade; assim, admitem maior flexibilidade de *mix*, fato que indica que não há vantagem competitiva na busca por padronização das atividades e dos itens, e isso implica custos maiores. Já as operações à esquerda da diagonal admitem processos com maiores volumes e menor variedade, indicando alta padronização das atividades e itens. Esse cenário implica uma situação de menor flexibilidade, que também afeta os custos.

> **Saiba mais**
>
> A flexibilidade de um sistema produtivo está associada à capacidade de resposta para as variações na demanda. A flexibilidade pode ser: de **mix**, que se refere à capacidade do sistema para fabricar uma quantidade maior ou menor de itens diferenciados; e de **volume**, que corresponde à capacidade do sistema em alterar as quantidades produzidas, para mais ou menos, em um dado intervalo de tempo.

Planejamento dos recursos de produção

Os recursos produtivos são ferramentas essenciais na operacionalização dos sistemas produtivos. É a partir deles que os bens e produtos são fabricados e disponibilizados no mercado. Cada tipo de recursos exige um procedimento de planejamento específico, mas, no segmento de manufatura, a ferramenta mais comum consiste no MRP II (*Manufacturing Resources Planning*).

O MRP II tem como objetivo permitir o cumprimento dos prazos de entrega dos pedidos dos clientes com a mínima formação de estoques, planejando as compras e a produção de itens componentes para que ocorram somente nos momentos e nas quantidades necessárias.

O princípio básico do MRP II é o cálculo das necessidades que corresponde à técnica de gestão que permite o cálculo, viabilizado pelo uso de softwares, das quantidades e dos momentos em que são necessários os recursos de manufatura (materiais, pessoas, máquinas, equipamentos, etc.), para que se cumpram os programas de entrega dos produtos com o mínimo de formação de estoque.

O MRP II é composto pelo seguinte conjunto de módulos:

- planejamento da produção;
- planejamento mestre da produção;
- cálculo das necessidades de materiais;
- cálculo das necessidades das capacidades;
- controle de fábrica.

Planejamento da produção

O planejamento da produção visa auxiliar a decisão dos gestores quanto aos níveis agregados de estoques e produção período a período, baseando-se, também, em previsões de demanda agregada. É o nível mais agregado do planejamento do processo produtivo e envolve decisões de longo prazo, como a previsão de demanda, a decisão de localização de instalações, o planejamento de máquinas e equipamentos e de mão de obra.

A entrada desse tipo de procedimento corresponde ao uso de dados agregados da produção e, geralmente, admite a unidade monetária como base do planejamento. Os dois aspectos mais relevantes no planejamento da produção são o volume de produção vendido e os níveis de estoques a serem mantidos.

Planejamento mestre da produção

O planejamento mestre da produção (MPS – *Master Production Schedule*) consiste no plano para a produção de produtos finais, período a período. Seu objetivo principal é adaptar as capacidades úteis e as entradas disponíveis para atender as quantidades necessárias de fabricação. É uma programação para viabilizar a produção e não a previsão de demanda (a previsão de demanda é um *input* no MPS).

Algumas características do MPS são: auxiliar nas decisões relativas ao planejamento das quantidades de itens de demanda independente e aos níveis de estoques que serão mantidos; considerar as limitações de capacidade agregada; efetivar a execução do planejamento; e admitir um horizonte de planejamento fixo.

Uma ferramenta essencial no MPS é o plano ou programa mestre de produção, que consiste no elo básico de comunicação entre os níveis mais agregados de planejamento com a produção. O plano mestre é definido em termos de especificações de produtos, e não em valores monetários. É partir dele que se calculam as necessidades de componentes, a capacidade produtiva, etc. A Figura 4 apresenta os principais fatores associados ao plano mestre de produção.

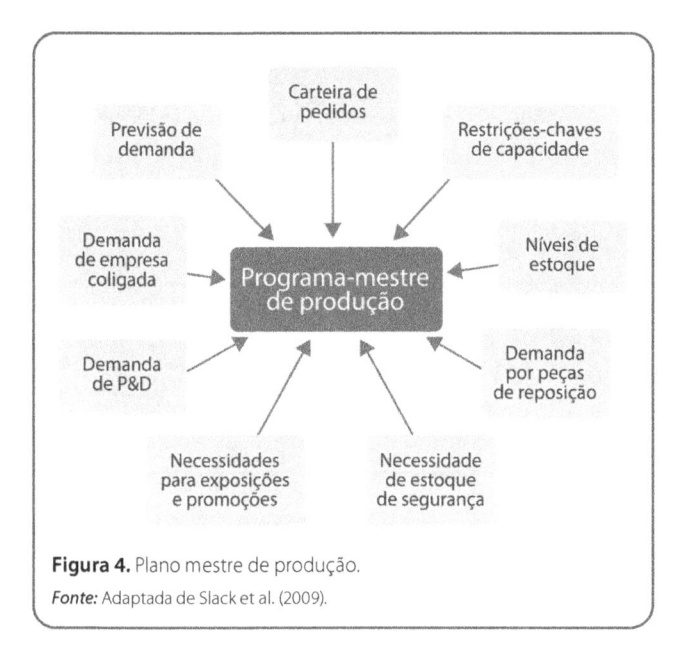

Figura 4. Plano mestre de produção.
Fonte: Adaptada de Slack et al. (2009).

Cálculo das necessidades de materiais

A ideia central do MRP (*Material Requirement Planning*) ou cálculo das necessidades de matérias é criar um sistema que analise a demanda dos clientes, os planos de produção e os recursos de materiais disponíveis, visando:

- planejar a produção;
- satisfazer à demanda;
- calcular com exatidão os materiais necessários;
- gerar a melhor sequência de ordens de produção.

Baseia-se no fundamento de que são conhecidos todos os componentes dos produtos e os tempos de obtenção de cada um deles; portanto, viabiliza o cálculo dos momentos e das quantidades necessárias de cada componente, para que não haja excesso ou falta de nenhum deles.

Mediante o resultado do plano mestre (MPS), calcula-se as necessidades de produtos em termos das necessidades de compras e produção de itens componentes, visando cumprir o plano mestre e minimizar os estoques. As ordens de compra e produção serão programadas para o período mais tarde possível, considerando as restrições referentes aos prazos de entrega. Na Figura 5, é possível observar a estrutura típica do cálculo das necessidades de materiais.

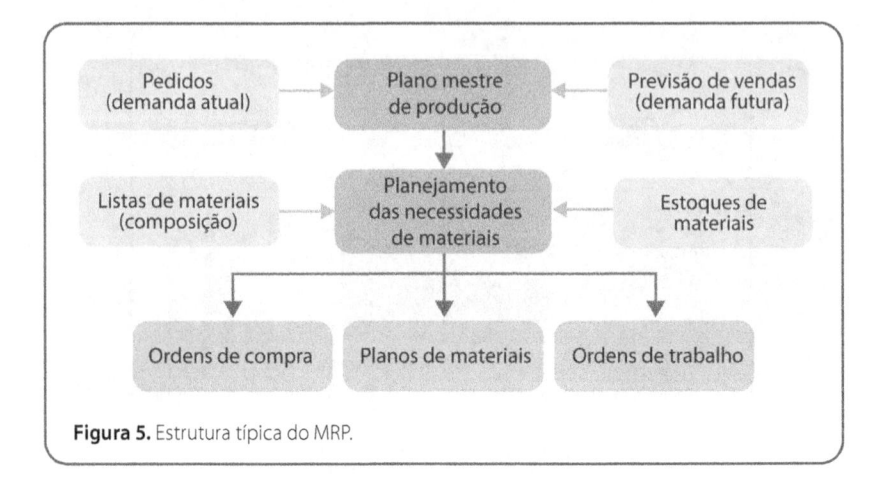

Figura 5. Estrutura típica do MRP.

Fluxograma: Pedidos (demanda atual) e Previsão de vendas (demanda futura) → Plano mestre de produção → Planejamento das necessidades de materiais ← Listas de materiais (composição) e Estoques de materiais. Do Planejamento das necessidades de materiais saem: Ordens de compra, Planos de materiais, Ordens de trabalho.

Cálculo das necessidades das capacidades

O cálculo das necessidades das capacidades utiliza informações de centros produtivos, roteiros e tempos, de forma a estabelecer a necessidade de capacidade para cada processo produtivo durante determinado período de tempo.

Algumas características desse módulo são: identificar o excesso de capacidade ou a ociosidade de recursos; viabilizar o cálculo das necessidades de capacidade produtiva para o cumprimento do plano de materiais; identificar possíveis inviabilidades do plano de materiais, em termos de capacidade; permitir realizar ajustes necessários em relação à capacidade produtiva.

Controle de fábrica

O mecanismo de controle de fábrica é responsável pelo sequenciamento das ordens por centro de produção e pelo controle da produção. Busca garantir que o que foi planejado será executado da forma mais fiel possível aos planos previamente estabelecidos. Contudo, tem uma aplicação mais restrita, uma vez que depende do alto volume de informações que circula em todo o chão de fábrica e do estímulo a uma descentralização das atividades de controle entre as operações produtivas.

As principais atividades do módulo de controle de fábrica são: a liberação das ordens de produção; a disponibilização de informação sobre os tempos de operação e os materiais usados nos processos produtivos; o acompanhamento da evolução das ordens de produção; a transferência de itens para o estoque e a atualização dos registros de controle. O controle de fábrica é mais apropriado a sistemas produtivos do tipo *jobbing* (grande variedade, poucos itens especificados pelo cliente).

> **Fique atento**
>
> O planejamento dos recursos produtivos por meio do MRP II implica na exigência de alguns requisitos, como o comprometimento da alta gestão organizacional, a escolha adequada de sistemas de informação, a disponibilidade de capacitação e treinamento adequado, o gerenciamento da implantação e a acuidade dos dados de entrada.

Gestão de falhas nos sistemas produtivos

As falhas fazem parte do cotidiano das mais variadas organizações e ignorá-las pode ser crucial para o insucesso competitivo das empresas. Nesse sentido, a busca por melhoria contínua nos processos produtivos deve ser aperfeiçoada a cada dia, buscando sempre melhorar as medidas de desempenho e combater as causas de falhas e perdas no processo. Além disso, o gerenciamento das falhas envolve os métodos para se recuperar o desempenho dos processos, caso algumas falhas ocorram no decorrer da produção (SLACK et al., 2009).

As falhas podem ser classificadas como: (1) prematuras, que acontecem no início do processo produtivo e têm relação direta com a adaptação das máquinas e dos equipamentos, a capacitação dos operadores, a falta de maturidade na gestão do processo ou a falta de informação sobre as operações; (2) aleatórias, que incidem no período de plena operação do processo produtivo e estão relacionadas a diversas causas de cunho técnico, operacional e/ou humano; e, por fim, (3) falhas por desgaste, que podem ocorrer mediante o desgaste do processo oriundo do tempo de utilização e de sua vida útil.

Além dessa classificação, tem-se os tipos mais comuns de falhas, que estão associados a:

- falhas nas instalações: máquinas, equipamentos, estrutura física, etc.;
- falhas do pessoal: operacionalização indevida, falta de treinamento adequado, etc.;
- falhas de fornecedores: matéria-prima e insumos inadequados aos processos produtivos, qualidade duvidosa dos insumos, etc.;
- falhas de clientes: oriundas de mau uso dos itens.

Uma vez que as falhas são inerentes aos processos produtivos, é importante que a gestão de falhas permita a identificação rápida dessas disparidades. Para tanto, alguns mecanismos podem ser utilizados no processo de detecção de falhas, de modo a garantir um efetivo gerenciamento e a minimização da ocorrência de falhas ao longo da produção (SLACK et al., 2009), veja a seguir.

- Diagnósticos no processo: os empregados verificam que o serviço é aceitável durante o próprio processo.
- Diagnósticos de máquinas: uma máquina é testada mediante uma sequência prescrita de atividades planejadas para revelar quaisquer falhas ou falhas potenciais.
- Entrevistas na saída: no final de um serviço, o pessoal pode, formal ou informalmente, verificar se o serviço foi satisfatório e procurar descobrir problemas, além de receber elogios.
- Pesquisas telefônicas: podem ser usadas para solicitar opiniões sobre produtos ou serviços.
- Grupos focais: são grupos de clientes aos quais se pede que, em conjunto, focalizem alguns aspectos de um produto ou serviço; podem ser usados para descobrir problemas específicos ou atitudes mais gerais em relação ao produto ou serviço.
- Fichas de reclamações ou folhas de *feedback*: são usadas por muitas organizações para solicitar pontos de vista sobre os produtos e serviços.
- Questionários: podem gerar uma resposta ligeiramente mais alta do que as fichas de reclamações.

Além da identificação das falhas, é importante efetivar um processo consistente de mensuração dessas falhas. As falhas não são o resultado exclusivo de probabilidade aleatória, tendo em vista que sua causa primeira, normalmente, é humana. As falhas pode ser controlada e as organizações podem aprender a partir dessas falhas e modificar seu comportamento de acordo com isso. Há três formas mais comuns de medir falhas em um processo produtivo (SLACK et al., 2009):

- taxas de falhas: a frequência com que uma falha ocorre;
- confiabilidade: a probabilidade de uma falha ocorrer;
- disponibilidade: o período de tempo útil disponível para a operação.

Outro aspecto relevante na gestão de falhas consiste na adoção de práticas de manutenção e na melhoria da confiabilidade dos sistemas. A manutenção consiste em uma premissa de gestão cuja função é viabilizar meios para prevenir, corrigir ou renovar determinado equipamento ou maquinário, objetivando evitar falhas, atentando-se às condições das instalações físicas e dos equipamentos.

Segundo Cabral (1998), a manutenção pode ser determinada como o conjunto de ações que visam assegurar o funcionamento adequado das máquinas e instalações, de modo que haja intervenções rápidas e corretas com o intuito de evitar avarias ou baixo rendimento. Envolve conservação, adequação, substituição e prevenção, com a finalidade de garantir a disponibilidade e a confiabilidade do maquinário. Slack et al. (2009) afirmam que a manutenção compreende a forma como as empresas tentam evitar falhas, cuidando de suas instalações físicas e equipamentos; dessa forma, a manutenção é vista como um conjunto de técnicas que objetivam a otimização da produção.

Existem diversas terminologias para os tipos de manutenção existentes; de acordo com Furmann (2002), grande parte desses tipos se baseia na forma temporal de atuação, seja mediante previsão ou falha funcional do maquinário. A forma como a intervenção é executada irá determinar as características dos tipos de manutenção. Dessa forma, os tipos de manutenção mais conhecidos são os seguintes:

- **Manutenção corretiva:** é realizada após a falha do equipamento, visando recompor suas funções requeridas (FURMANN, 2002).
- **Manutenção preventiva:** é a atuação realizada de forma a reduzir ou evitar a ocorrência de falhas ou redução no desempenho de determinado equipamento, obedecendo a um plano preventivo, baseado em intervalos de tempo definidos (PINTO; XAVIER, 2001).
- **Manutenção preditiva:** conjunto de atividades de acompanhamento das variáveis ou parâmetros que indicam a performance ou o desempenho do maquinário de forma sistemática, possibilitando a identificação da real necessidade de intervenção (CHIOCHETTA; HATAKEYAMA; MARÇAL, 2004).

Cada tipo de manutenção irá adequar-se ao planejamento realizado, às necessidades de manutenção da empresa, à disponibilidade de mão de obra qualificada e de recursos adequados à execução dos serviços de manutenção.

Já a melhoria na confiabilidade das operações deve buscar: eliminar no projeto os pontos de falhas potenciais na operação; construir operações com recursos críticos redundantes na operação; tornar as atividades da operação à prova de falhas; e manter as instalações físicas da operação.

As fases do processo que são susceptíveis a falhas críticas para o sucesso competitivo do processo produtivo devem ser assinaladas e analisadas pela produção. Pode ser possível, também, introduzir redundância em um processo para ter sistemas ou componentes de reserva para casos de falhas. É importante, além disso, buscar controlar os erros humanos e mitigar os possíveis impactos dos mesmos ao longo do sistema. Dessa forma, alguns dispositivos podem ser empregados visando uma maior confiabilidade aos processos produtivos:

- Sensores/interruptores em máquinas que somente permitem sua operação se a peça estiver posicionada corretamente.
- Gabaritos instalados em máquinas a partir dos quais uma peça deve passar para ser carregada ou tirada da máquina.
- Contadores digitais em máquinas para assegurar que o número correto de cortes, golpes ou furos tenha sido feito.
- Listas de verificação que devem ser preenchidas, seja para a preparação de uma atividade ou em sua conclusão.
- Feixes de luz que ativam um alarme se uma peça estiver posicionada incorretamente.

Disponibilidade dos sistemas de produção

Para garantir a efetividade dos sistemas produtivos, é importante estabelecer o grau de disponibilidade desses sistemas. A disponibilidade garante a manutenção de níveis de produtividade adequados, mas é preciso utilizar toda capacidade produtiva (instalações, máquinas, equipamentos, mão de obra, recursos, etc.) da forma mais eficiente possível. Uma alternativa para avaliar a disponibilidade dos sistemas produtivos é utilizar ferramentas como o OEE (*Overall Equipment Effectiveness*).

OEE (*Overall Equipment Effectiveness*)

O *Overall Equipment Effectiveness* (OEE) é um conceito oriundo da metodologia TPM (Manutenção Produtiva Total) e visa a manutenção de técnicas produtivas adequadas. Este indicador, também conhecido como eficiência geral dos equipamentos, permite verificar o nível de utilização dos recursos disponíveis e admite a vantagem de agregar três perspectivas relevantes: disponibilidade, performance e qualidade (Figura 6).

```
                        ┌──────┐
                        │ OEE  │
                        └──┬───┘
        ┌──────────────────┼──────────────────┐
┌───────────────┐   ┌─────────────┐   ┌────────────┐
│ Disponibilidade│   │ Performance │   │ Qualidade  │
└───────┬────────┘   └──────┬──────┘   └─────┬──────┘
        │                   │                 │
   Parada de           Redução da           Refugos
   máquina             velocidade
        │                   │                 │
   Setup e             Pequenas            Retrabalho
   regulagens          paradas e
                       ociosidade
```

Figura 6. Requisitos do OEE.

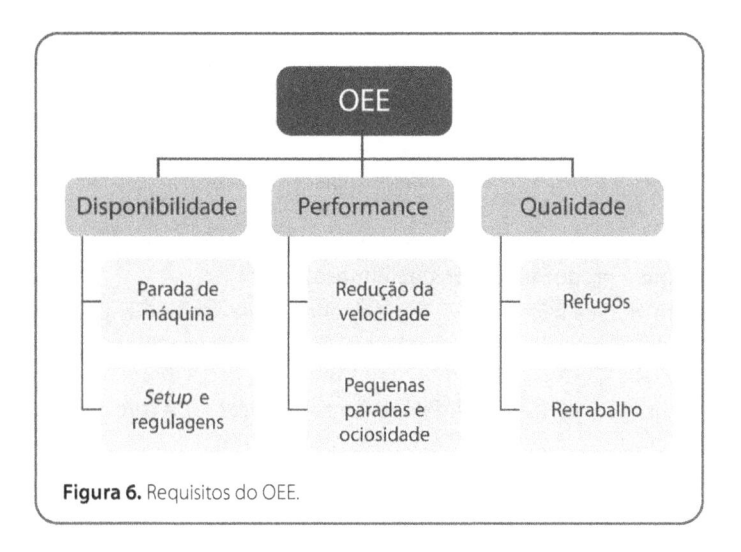

Disponibilidade

A **disponibilidade** é definida como a porcentagem de tempo que o equipamento encontra-se operando comparada com o tempo total disponível a ser utilizado na produção, ou seja, a disponibilidade leva em consideração as paradas não planejadas.

Paradas planejadas estão sob o controle da gestão do sistema produtivo e se referem a *setups*, intervenções de manutenção preventivas, etc. Já as paradas não planejadas não estão sob controle dos gerentes e engenheiros e são oriundas de quebras de máquinas, intervenções corretivas, falta de mão de obra adequada na operacionalização dos equipamentos, falta de matéria-prima, etc. A disponibilidade é dada pela seguinte associação:

Performance

A *performance* ou **desempenho** consiste na relação entre a velocidade real de operação do equipamento e a velocidade padrão, ou seja, correlaciona a velocidade com que o equipamento operou em determinada atividade e a velocidade na qual ele deveria operar. Dessa forma, a performance associa-se à perda de velocidade no processo produtivo.

Essa perda pode ser efetivada por pequenas paradas ou redução da velocidade de operação do equipamento. A observação dessas perdas pode ser dificultada por conta dos tempos de ciclo serem curtos ou de variações constantes no processo; dessa forma, a melhor maneira de mensurar essa performance é a partir de cálculo aproximado.

Qualidade

A **qualidade** agrega a relação entre o tempo total de produção e o tempo perdido com a produção de itens defeituosos.

A partir desses três índices, é possível estabelecer o OEE pela seguinte relação:

$$OEE(\%) = Disponibilidade(\%) \times Performance(\%) \times Qualidade(\%)$$

Vale salientar a regra de decisão quanto ao OEE: quanto mais próximo de 100% for o OEE, melhor é a disponibilidade, performance e qualidade do sistema produtivo. Além disso, o valor do OEE irá variar conforme alguns fatores, como o tipo de sistema produtivo, a parametrização das paradas planejadas e não planejadas, o tempo de vida útil dos equipamentos, entre outros.

Exemplo

Em uma unidade produtiva, são fabricadas 100 unidades de um item utilizando 6 horas e 45 minutos de um determinado maquinário. Essa máquina opera 8 horas por dia, ou seja, esta é a capacidade disponível da máquina. Sabe-se que houve apontamentos de 7 horas e 30 minutos para a produção dos 100 itens nesse maquinário. Além disso, 10% da produção apresenta alguma não conformidade. Estabeleça o percentual de OEE para esse maquinário.

Solução
Transformando-se os minutos em horas, tem-se:
- Capacidade disponível da máquina = 8 hs/dia;
- Capacidade utilizada da máquina = 7,5 hs/dia;
- Capacidade ideal da máquina = 6,75 hs/dia.

Logo,

$$Disponibilidade = \frac{Capacidade\ utilizada}{Capacidade\ disponível} = \frac{7,5}{8} = 0,9375\ ou\ 93,75\%$$

$$Performance = \frac{Capacidade\ ideal}{Capacidade\ utilizada} = \frac{6,75}{7,5} = 0,9\ ou\ 90\%$$

Como 10% dos itens são não conformes:

$$Qualidade = \frac{Quant.\,produzida - Quant.\,refugada}{Quant.\,produzida} = \frac{100-10}{100} = \frac{90}{100}$$

$$Qualidade = 0{,}9 \text{ ou } 90\%$$

Assim, o OEE É dado por

$$OEE(\%) = Disponibilidade(\%) \times Performance(\%) \times Qualidade(\%)$$
$$OEE(\%) = 0{,}9375 \times 0{,}9 \times 0{,}9$$
$$OEE(\%) = 0.7594 \text{ ou } 75.94\%$$

Conclusão: Nosso índice de OEE ainda pode ser otimizado, ou seja, há espaço para melhoria da disponibilidade, performance e qualidade do sistema.

Ociosidade nos processos produtivos

A ociosidade é um dos grandes desafios para as organizações, uma vez que envolve custos elevados. Máquinas, equipamentos, recursos materiais, colaboradores e até mesmo produtos acabados parados implicam maiores custos de produção, redução dos níveis de lucratividade e da competitividade da organização. Nesse contexto, é importante realizar um planejamento da produção e do fluxo de recursos efetivos, visando minimizar os índices de ociosidade.

A ociosidade está completamente associada à capacidade produtiva. Por capacidade entende-se máximo nível de atividade de valor adicionado em determinado período de tempo que o processo pode realizar sob condições normais de operação (SLACK et al., 2009). É a quantidade máxima de produtos e/ou serviços que podem ser produzidos em uma unidade produtiva em dado intervalo de tempo (MOREIRA, 2015). Muitas organizações operam abaixo de sua capacidade máxima, e os motivos para isso vão desde a demanda insuficiente até políticas de produção inadequadas, e isso gera ociosidade.

A ociosidade é o tempo de trabalho que está à disposição da empresa em determinado período e que não está sendo utilizado pela mesma, independentemente do motivo. A falta de um planejamento de produção adequado consiste na principal causa da efetivação de altos níveis de ociosidade. Algumas medidas podem ser tomadas para identificar operações definidas, como gargalos, que ocasionam índices significativos de ociosidade. O mapeamento do fluxo de valor e a teoria das restrições podem ser alternativas eficientes nesse sentido.

Desenvolvido por Rother e Shook (1998), o mapeamento do fluxo de valor (MFV) é uma técnica direcionada para melhorias nos processos de transformação, além de permitir que os envolvidos no processo conheçam detalhadamente as particularidades associadas aos processos de fabricação. As características principais do MFV são: evidenciar todo o fluxo produtivo; identificar as fontes de desperdícios; apresentar linguagem comum aos processos de manufatura; apresentar problemáticas visíveis sobre os fluxos; integrar conceitos e técnicas enxutas; formar a base para um plano de implementação.

A teoria das restrições ou TOC (*Optimized Production Technology* — OPT), proposta por Goldratt (1990), tem como base a visualização da empresa como uma corrente, formada por elos independentes, mas com resistência variável, limitando a resistência da corrente ao elo mais frágil. Esses elos mais fracos são conhecidos por restrições e são responsáveis por limitar a capacidade da empresa (ANTUNES JÚNIOR; RODRIGUES, 1993).

Identificados os pontos de gargalo das operações que podem ocasionar a ociosidade, ferramentas como o MRP, MRP II e o ERP (*Enterprise Resource Planning*) podem ser utilizadas, visando otimizar o planejamento e o controle da produção, melhorar a eficiência das atividades e minimizar o impacto da ociosidade no sistema produtivo.

Outras medidas de redução da ociosidade são: o planejamento de equipamentos em manufatura, o que permite uma estimativa da quantidade de máquinas e equipamentos necessários em um sistema produtivo, considerando os itens a serem produzidos, as operações envolvidas e o tempo de processamento; e o planejamento de mão de obra, que corresponde à determinação da quantidade de pessoal necessário para a operacionalização das atividades.

Saiba mais

Gargalo é qualquer recurso cuja capacidade é igual ou menor que a demanda de mercado imposta sobre ele (GOLDRATT; COX, 2002). Ou seja, corresponde a todas as operações ou recursos que limitam a capacidade produtiva.

ERP (*Enterprise Resource Planning*) são sistemas de informação que integram todos os dados e processos de uma organização em um único sistema (LAUDON; LAUDON, 2004). O ERP otimiza o fluxo de informações e facilita o acesso aos dados operacionais, favorecendo a adoção de estruturas organizacionais mais enxutas e flexíveis.

Exercícios

1. Sobre a abordagem do projeto de sistemas produtivos, é correto afirmar que:
   a) O volume de produção e a variedade de um produto não influenciam diretamente o modo de condução do processo, mas sim a quantidade de recursos necessários para que esse processo seja executado.
   b) O volume determina a quantidade de máquinas e de pessoal necessário para produzir e entregar os produtos. Por sua vez, a variedade determina os métodos que serão utilizados para essa produção.
   c) A escolha de um processo deve considerar qual é o critério mais adequado (volume ou variedade) para que haja equilíbrio entre a produção e a variedade de produtos.
   d) A escolha de um processo deve considerar o volume e a variedade dos produtos e serviços que serão processados, pois essas características definem os métodos e as tecnologias que serão associadas ao processo.
   e) O volume influencia somente a quantidade de recursos que serão utilizados em um processo, pois a variedade é que define efetivamente os métodos que serão aplicados.

2. Cada tipo de manufatura demanda a organização das atividades com características diferentes de volume e variedade. O tipo de sistema produtivo que lida com produtos discretos, geralmente muito customizados, sendo o período de tempo para executar o serviço normalmente longo, com baixo volume de produção e alta variedade, é denominado processo:
   a) De projeto.
   b) Por *jobbing*.
   c) De produção em massa.
   d) De produção em lotes.
   e) Contínuo.

3. O projeto de sistemas produtivos visa facilitar a compreensão das características inerentes a cada sistema de produção e sua relação com a complexidade de gestão. O projeto de sistemas produtivos pode ser classificado nos seguintes tipos: projeto por projeto; projeto em *jobbing*; projeto em lote; projeto em massa e projeto contínuo. Sobre projetos de sistemas contínuos, verifica-se que:
   a) Os produtos passam por uma sequência de tarefas, geralmente de longa duração, marcadas por pouca repetitividade e alta flexibilidade, o que exige planejamento e controle elaborados.
   b) Os produtos são padronizados e fluem de um posto de trabalho a outro em sequência prevista, sendo esse sistema marcado pela alta eficiência e acentuada inflexibilidade do *mix* de produtos.

c) O volume de produção é muito baixo e os clientes, geralmente, apresentam seus próprios projetos de produto, devendo a empresa fabricá-lo segundo essas especificações.
d) A produção possui alta uniformidade sendo composta por máquinas automatizadas, com baixa flexibilidade de produto gerando um alto custo unitário por produto.
e) Os produtos são customizados, sendo o período de tempo longo para executar a produção, com baixo volume de produção e alta variedade de produto.

4. Assinale a resposta que corresponde ao sistema que permite calcular quanto material de determinado tipo é necessário e em que momento, utilizando os pedidos em presentes em carteira, assim como previsões de vendas que a empresa irá receber:

a) Cálculo das necessidades das capacidades (CRP).
b) Programa Mestre de Produção (MPS).
c) Planejamento dos Recursos de Manufatura (MRP II).
d) Planejamento dos Recursos Empresariais (ERP).
e) Planejamento das Necessidades dos Materiais (MRP).

5. A ociosidade corresponde à redução no nível de atividade de um sistema produtivo. Alguns métodos podem ser aplicados visando à redução dos níveis de ociosidade. Nesse sentido, assinale a alternativa que corresponde a um dos procedimentos que podem auxiliar na redução dos níveis de ociosidade dos sistemas produtivos:

a) Modelo de Ardalan.
b) Perfis de Desempenho.
c) Planejamento dos Equipamentos em Manufatura.
d) Teoria das Filas.
e) Matriz Critério-Processo.

Referências

ANTUNES JUNIOR, A.V.; RODRIGUES, L.H. A teoria das restrições como balizadora das ações visando a troca rápida de ferramentas. *Produção*, v. 3, n. 1, p. 73-86, 1993. Disponível em: < http://www.scielo.br/scielo.php?script=sci_arttext&pid=S0103-65131993000200001>. Acesso em: 25 jun. 2018.

BLECKER, T. et al. *Variety steering concept for mass customization*. Klagenfurt, Austria: University of Klagenfurt, 2003.

CABRAL, J. S. *Organização e gestão da manutenção*: dos conceitos à prática. Lisboa: Lidel, 1998.

CHIOCHETTA, J. C.; HATAKEYAMA, K.; MARÇAL, R. F. M. Sistema de gestão da manutenção para a pequena e média empresa. In: ENCONTRO NACIONAL DE ENGENHARIA DE PRODUÇÃO – ENEGEP. 24., Florianópolis, 2004. *Anais...* Rio de Janeiro: ABEPRO, 2004. Disponível em: <http://www.abepro.org.br/biblioteca/ENEGEP2004_Enegep0109_0709.pdf>. Acesso em: 25 jun. 2018.

CORRÊA, H. L.; CORRÊA, C. A. *Administração da produção e operações*: manufatura e serviços uma abordagem estratégica. São Paulo: Atlas, 2017.

FURMANN, J. C. *Desenvolvimento de um modelo para melhoria do processo de manutenção mediante a análise de desempenho de equipamentos.* 2002. 149 f. Dissertação (Mestrado em Engenharia de Produção) - Universidade Federal de Santa Catarina, Florianópolis, 2002. Disponível em: <https://repositorio.ufsc.br/handle/123456789/82781>. Acesso em: 25 jun. 2018,

GOLDRATT, E. M. *Haystack syndrome*: Sifting information out of the data ocean. Great Barrington: North River Press, 1990.

HAYES, R. H.; WHEELWRIGHT, S. C. *Restoring our competitive edge.* London: John Wiley, 1984.

MOREIRA, D. A. *Administração da produção e operações.* São Paulo: Saraiva, 2012.

MOREIRA, D. *Administração da produção e operações.* 2. ed. São Paulo: Cengage Learning, 2015.

PINTO, A. K.; XAVIER, J. N. *Manutenção*: função estratégica. Rio de Janeiro: Qualitymark, 2001.

ROTHER, M.; SHOOK, J. *Learning to see*: Value stream mapping to create value and eliminate Muda. Massachusetts: Brookline, 1998.

SIEVÄNEN, M. What is Customization? In: INTERNATIONAL ANNUAL CONFERENCE OF EUROPEAN OPERATIONS MANAGEMEN ASSOCIATION. 9., Copenhagen, 2002. *Articles...* Brussels: EUROMA, 2002.

SLACK, N. et al. *Administração da produção.* 3. ed. São Paulo: Atlas, 2009.

Leituras recomendadas

CORREA, H.; GIANESI, I. *Just in time, MRP II e OPT*: um enfoque estratégico. São Paulo: Atlas, 2012.

GOLDRATT, E. M.; COX, J. *A meta:* um processo de melhoria contínua. 2. ed. São Paulo: Nobel, 2002.

LAUDON, K. C.; LAUDON, J. P. *Sistemas de informações gerenciais:* administrando a empresa digital. 5. ed. São Paulo: Pearson, 2004.

Manutenção Produtiva Total

Objetivos de aprendizagem

Ao final deste texto, você deve apresentar os seguintes aprendizados:

- Definir os objetivos da Manutenção Produtiva Total (TPM) e as principais perdas a serem analisadas e reduzidas.
- Identificar os pilares da TPM.
- Reconhecer a abrangência do método para além dos sistemas produtivos.

Introdução

Neste capítulo, você vai estudar a Manutenção Produtiva Total (TPM), filosofia de gestão da manutenção industrial criada nos anos 1970 pelo japonês Seiichi Nakajima. Para isso, vai identificar as principais características e os objetivos associados à TPM, bem como as principais perdas de manutenção a serem mitigadas.

Além disso, você vai verificar a relevância dos pilares da TPM na condução da gestão da manutenção industrial e as principais etapas de operacionalização do modelo TPM, assim como analisar o escopo de atuação amplo ao qual a filosofia se aplica.

Manutenção Produtiva Total

A Manutenção Produtiva Total (*Total Productive Maintenance* [TPM]) foi criada visando reduzir os custos dos sistemas produtivos. Teve sua origem no Japão, onde é considerada a evolução natural da manutenção corretiva, de cunho reativo, para a manutenção preventiva, de objetivo proativo. A TPM expandiu os conceitos tradicionais da manutenção, incorporando esforços para evitar defeitos de qualidade provocados pelo desgaste e mau funcionamento dos equipamentos (FOGLIATO; RIBEIRO, 2009).

A TPM significa uma manutenção independente do sistema de produção que busca otimizar a habilidade do operador e o conhecimento relativo aos equipamentos buscando aumentar ao máximo a sua eficiência de operação. Segundo essa filosofia de gestão, as pessoas que utilizam o equipamento são aquelas que possuem os maiores conhecimentos referentes a ele e, assim, essas pessoas estão em posição ideal para contribuir nos reparos e modificações, visando melhorias de qualidade e produtividade (FOGLIATO; RIBEIRO, 2009).

Davis (1995) afirma que a TPM pode ser considerada uma filosofia, uma coleção de práticas e técnicas destinadas a maximizar a capacidade dos equipamentos e processos utilizados pela empresa, abrangendo tanto a manutenção dos equipamentos quanto os aspectos relacionados à sua instalação e operação. O conceito básico da TPM é a reformulação e a melhoria da estrutura empresarial a partir da restruturação e melhoria das pessoas e dos equipamentos, com envolvimento de todos os níveis hierárquicos e a mudança da postura organizacional (TAVARES, 1996).

Nakajima (1988) define a TPM como a promoção da integração entre homem, máquina e empresa, na qual a ação de todos os envolvidos na manutenção das máquinas e equipamentos pode ser evidenciada; cria um autogerenciamento no local de trabalho, uma vez que os operadores "assumem" a propriedade de seu equipamento e cuidam dele eles próprios (BANKER, 1995).

A TPM descreve uma relação sinergística entre todas as funções organizacionais, mais particularmente entre produção e manutenção, para melhoramento contínuo da qualidade do produto, eficiência operacional e da própria segurança. A essência da TPM é que os operadores dos equipamentos de produção participem dos esforços de manutenção preventiva, auxiliem os mecânicos nos consertos quando o equipamento está fora de operação e, juntos, trabalhem no equipamento e no processo de melhoria do grupo de atividades (JOSTES; HELMS, 1994).

Alguns elementos são fundamentais para a operacionalização da TPM (FOGLIATO; RIBEIRO, 2009):

- mudança cultural, visando otimizar o rendimento geral dos equipamentos;
- estabelecimento de um sistema para prevenir as perdas associadas aos equipamentos e local de trabalho (zero acidente, zero defeito de qualidade, zero quebra);
- implementação envolvendo todos os departamentos — manutenção, produção, engenharia, desenvolvimento de produtos, vendas, recursos humanos, etc.;

- envolvimento de todos os colaboradores em atividades de melhoria contínua (*kaizen*), desde a alta direção até os operadores mais simples;
- educação e treinamento, visando aprimorar a consciência e a competência dos colaboradores.

Esses elementos permitem a busca por uma filosofia de "perda zero", agregando atividades mais específicas da manutenção, como as atividades de manutenção independente conduzidas pela produção; o planejamento das atividades de manutenção, com foco em procedimentos padronizados para cada equipamento, baseados seja em tempo de uso ou em degradação observada; além da prevenção de quebras na fase de projeto dos equipamentos, desenvolvendo soluções que facilitem ou eliminem a necessidade de manutenção.

Saiba mais

A Manutenção Produtiva Total teve início no Japão, na empresa Nippon Denso KK, integrante do grupo Toyota, organização de destaque na condução dessa filosofia e que recebeu o prêmio PM, em 1971, concedido a empresas que foram efetivas na operacionalização do programa TPM. A TPM deriva, ainda, da manutenção preventiva, originária da filosofia de manutenção americana. Veja, a seguir, o *continuum* de evolução da TPM:

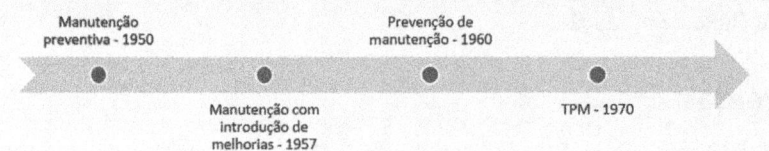

- Manutenção preventiva - 1950
- Manutenção com introdução de melhorias - 1957
- Prevenção de manutenção - 1960
- TPM - 1970

- A manutenção preventiva foi inicialmente adotada com base no pressuposto de que intervenções adequadas evitariam falhas e apresentariam melhor desempenho e maior vida útil dos equipamentos.
- A manutenção com introdução de melhorias buscou a criação de facilidades nas máquinas e equipamentos, de forma a auxiliar e facilitar as intervenções de manutenção preventiva, visando, assim, aumentar a confiabilidade.
- A prevenção de manutenção busca incorporar, ao projeto de máquinas e equipamentos, a não necessidade de manutenção. Implementou uma quebra de paradigma no contexto da manutenção.
- A TPM, utilizando o círculo de controle da qualidade ou "defeito zero", buscou ampliar o contexto da manutenção exigindo: que cada colaborador exerça um autocontrole sobre seu maquinário; o conceito de "proteção" das máquinas; a busca por uma integração empresa-homem-máquina; e a concepção de que a manutenção deve ser preocupação de todos na organização.

Fonte: Pinto e Xavier (2012).

Objetivos da Manutenção Produtiva Total

O objetivo da TPM é a eficácia da empresa a partir de maior qualificação das pessoas e de melhoramentos introduzidos nos equipamentos (PINTO; XAVIER, 2012). Dessa forma, espera-se que as melhorias associadas à qualidade do pessoal envolvam a capacidade do colaborador em realizar manutenções autônomas nos equipamentos, que os técnicos possam efetivar intervenções nos equipamentos em geral e que os engenheiros possam projetar equipamentos que permitam intervenções de manutenção mais fáceis. Já as melhorias associadas à qualidade efetiva dos equipamentos envolvem o incremento do rendimento do equipamento e uma avaliação do custo do ciclo de vida (*Life Cycle Cost* [LCC]) da introdução de novos equipamentos.

O treinamento e o desenvolvimento adequados dos colaboradores implicam na possibilidade de intervenções de manutenção planejadas e com menores impactos no cotidiano organizacional, e essas melhorias efetivam um melhoramento contínuo do sistema produtivo como um todo. O foco, aqui, é deixar as intervenções de manutenção mais complexas a cargo dos especialistas e introduzir a cultura de que as pequenas atividades de manutenção podem ser executadas diretamente pelos operários. Assim, tarefas simples, como lubrificações, limpezas, ajustes de gaxetas, medição de vibração e temperatura, troca de lâmpadas e filtros, entre outros, são agilizadas, não gerando interrupções no fluxo de produção.

Perdas

As máquinas e equipamentos estão constantemente sujeitos a perdas; dessa forma, é importante identificar, mensurar, mitigar e eliminar (se possível) essas perdas. Na TPM, existem seis grandes perdas, a saber:

1. **As perdas por quebras devido a falhas dos equipamentos** são aquelas que ocorrem quando as máquinas quebram e permanecem sem produzir até que os reparos sejam realizados (FOGLIATO; RIBEIRO, 2009). São as mais comuns nos sistemas produtivos e contribuem com a maior parcela na redução do desempenho do maquinário. Abrangem o tempo demandado para o reparo do equipamento, bem como as peças de reposição indispensáveis para a operacionalização das máquinas e equipamentos. Podem ser de dois tipos (PINTO; XAVIER, 2012):

- perdas em função da falha dos equipamentos;
- perdas em função da degeneração gradual, que implica diretamente na qualidade dos produtos.

2. **As perdas durante *setup* e ajustes** são aquelas decorrentes do tempo necessário de preparação da máquina para esta passar a produzir um produto diferente (FOGLIATO; RIBEIRO, 2009). Acontecem quando há alguma mudança efetiva na linha de produção que exige a interrupção, objetivando a preparação das máquinas e dos equipamentos para um novo item ou fluxo produtivo. Esse tipo de perda envolve alterações de máquinas e ajustes e regulagens essenciais para a operacionalização dos equipamentos.

3. **As perdas devido a pequenas paradas ou operação em vazio** são aquelas que ocorrem quando o equipamento necessita ser parado por alguns minutos ou trabalha sem carga devido a oscilações no fluxo do processo, exigindo intervenção do operador para que a linha volte a produzir normalmente (FOGLIATO; RIBEIRO, 2009). Dessa forma, admitem caráter momentâneo e duram poucos minutos, como a detecção de itens não conformes, sobrecarga em equipamentos, etc.

4. **As perdas por queda de velocidade de produção** são aquelas associadas à velocidade de operação quando o equipamento é operado abaixo da velocidade ideal ou teórica (FOGLIATO; RIBEIRO, 2009). Nesse tipo de perda, o maquinário opera em uma velocidade menor que a habitual, seja por conta de desgastes localizados, superaquecimento ou vibração excessiva.

5. **As perdas por defeitos de qualidade e retrabalhos** são aquelas que ocorrem na linha de produção, associadas a produtos defeituosos ou fora das especificações (FOGLIATO; RIBEIRO, 2009). Esse tipo de perda origina itens fora das especificações de projeto; portanto, precisam ser retrabalhados ou sucateados, fato que implica na elevação dos custos operacionais associados a todos os recursos envolvidos na fabricação.

6. **As perdas por queda de rendimento** são aquelas que ocorrem cada vez que o processo é interrompido e reiniciado (FOGLIATO; RIBEIRO, 2009). São oriundas do não aproveitamento da capacidade total das máquinas e equipamentos. São ocasionadas por fatores exclusivamente operacionais, como falta de matéria-prima, instabilidade no processo produtivo, fadiga dos operadores, entre outros. O Quadro 1 apresenta um resumo das principais perdas analisadas na TPM.

Quadro 1. As seis grandes perdas da TPM

As seis grandes perdas	Causa da perda	Influência
Quebras Mudança de linha	Paralisação	Tempo de operação
Operação em vazio e pequenas paradas Velocidade reduzida em relação à nominal	Queda de velocidade	Tempo efetivo de operação
Defeitos de produção Queda de rendimento	Defeitos	Tempo efetivo de produção

Fonte: Pinto e Xavier (2012).

Além das seis grandes perdas, existem outras perdas que podem ocorrer em condições específicas, como: perdas durante o acionamento ou desligamento do equipamento, perdas por falta de capacitação dos operadores, perdas por espera de materiais, ferramentas ou transporte, perdas por desorganização das linhas, perdas por falhas logísticas, perdas por medição e ajustes, perdas por desperdício de energia, perdas por desperdício de material, perdas por desgaste de moldes, ferramentas e gabaritos (FOGLIATO; RIBEIRO, 2009).

"Quebra zero"

É parte da filosofia da MPT buscar incessantemente a condição de "quebra zero", que corresponde a equipamentos operando sem falhas e sem interrupções, uma vez que as quebras são o fundamento principal na redução da estabilidade e do rendimento operacional. O conceito de "quebra zero" não significa que esse ideal, talvez impossível ou mesmo proibitivo financeiramente, será alcançado, mas sim que todos devem trabalhar nessa direção, diminuindo continuamente as falhas e interrupções (FOGLIATO; RIBEIRO, 2009).

Pinto e Xavier (2012) associam o termo "quebra zero" ao contexto no qual o maquinário não pode parar durante o período no qual foi programado para operar; dessa forma, torna o concito mais palpável e atingível. Segundo Geremia (2001), as quebras e falhas podem conduzir à perda total ou à redução da capacidade produtiva do equipamento, de modo que algumas ações podem combater as interrupções operacionais oriundas dessas quebras e falhas, como:

- manter as condições básicas para a operação do equipamento no que concerne à limpeza, à lubrificação e ao aperto dos componentes;

- operar os equipamentos dentro das condições de trabalho estabelecidas;
- recuperar as partes desgastadas e degradadas;
- corrigir fragilidades incorporadas no projeto do equipamento;
- capacitar o pessoal operacional e os técnicos de manutenção, de modo que possam perceber, diagnosticar e atuar convenientemente.

> **Fique atento**
>
> As máquinas e equipamentos não podem parar durante a operacionalização das atividades do sistema produtivo, o que é diferente de não poderem parar "nunca".

Pilares da TPM

Na TPM, para a eliminação das seis grandes perdas do equipamento, implementam-se as oito atividades seguintes, designadas como "oito pilares de sustentação do desenvolvimento da TPM" (Figura 1).

Figura 1. Os pilares fundamentais da TPM.
Fonte: Adaptada de Shinotsuka (2001).

Pilares: Manutenção autônoma, Manutenção planjenada, Melhorias específicas, Educação e treinamento, Manutenção da qualidade, Controle inicial, TPM administrativo, TPM - Seg, Hig e MA.

A manutenção autônoma corresponde à manutenção dos equipamentos feita pelos operadores para garantir alto nível de produtividade (PINTO; XAVIER, 2012). As atividades de manutenção autônoma começam nas máquinas e equipamentos e se estendem a todo o sistema produtivo. O objetivo desse pilar é conscientizar o operador de sua responsabilidade com seu maquinário e equipamento de trabalho por meio das atividades da manutenção autônoma. São características desse pilar: autogerenciamento, controle, autonomia de decisão e ação, elaboração de padrões e conscientização contínua dos valores especificados pela TPM (PINTO; XAVIER, 2012).

A manutenção planejada é o pilar responsável por todo o planejamento e controle da manutenção em seu nível macro. A responsabilidade de gestão desse pilar é do setor de manutenção da empresa e seus executores são os técnicos especialistas no maquinário geral. O objetivo é aumentar a eficiência global dos equipamentos (*Overall Equipment Effectiveness* [OEE]) com aumento da disponibilidade operacional. Segundo Pinto e Xavier (2012), é imprescindível utilizar ferramentas adequadas, como *softwares* de planejamento de manutenção e sistemas mecanizados que viabilizem a programação da manutenção e o plano de paradas da produção.

A melhoria específica é responsável pelo gerenciamento das informações de funcionamento dos equipamentos. É a frente de gestão que gera estatísticas e propõe otimização a partir de grupo de melhorias, as quais visam eliminar perdas. O objetivo é desenvolver melhoria contínua ao processo de manutenção de equipamentos.

A educação e o treinamento correspondem ao gerenciamento do controle do conhecimento dos operadores, técnicos, engenheiros e gestores inseridos na TPM. É a ampliação da capacitação técnica, gerencial e comportamental do pessoal ligado às ações de manutenção e operações (PINTO; XAVIER, 2012). Visa reduzir perdas por falha humana com base em treinamento, capacitação, aquisição de habilidades e autoestima.

O controle inicial se refere ao estabelecimento de um sistema de gerenciamento da fase inicial para novos projetos e/ou equipamentos (PINTO; XAVIER, 2012). É a execução da manutenção de equipamentos que podem vir a ter deficiências por falta de informações referentes ao histórico de funcionamento. É indispensável uma gestão unificada de manutenção de novos equipamentos que busque eliminar falhas ainda no início do projeto dos equipamentos.

A manutenção da qualidade visa efetivar um programa de "zero defeitos" (PINTO; XAVIER, 2012). O setor responsável por controle de qualidade e gerenciamento do sistema de gestão de qualidade deve atuar com a gestão da manutenção para atingir os objetivos comuns.

A TPM "administrativa" é o uso da metodologia da TPM em todos os setores de uma empresa com o objetivo de aumentar a sua eficiência (PINTO; XAVIER, 2012). Os processos são organizados com o fim de otimizá-los em rapidez, qualidade e confiabilidade, e seu objetivo é reduzir perdas administrativas.

A segurança, a saúde e o meio ambiente correspondem a frente de gestão que objetiva o "nível zero" de acidentes ambientais e do trabalho. Tem importância na medida em que torna obrigatória, a partir das leis e de requisitos ambientais e de segurança do trabalho, a prevenção de acidentes. Dessa forma, o propósito geral é manter o ambiente de trabalho em boas condições, limpo e seguro, a fim de evitar acidentes.

> **Saiba mais**
>
> O programa 8S, também conhecido como 8 sensos, pode ser uma ferramenta eficiente na operacionalização dos pilares da TPM, principalmente no que se refere à busca por uma manutenção autônoma. É um método que promove a mudança de comportamento de todos os colaboradores da organização, que passam a formar um grupo unido com visão de sobrevivência e continuidade dos negócios, principalmente a partir da economia e do combate aos desperdícios.
>
> A grande vantagem do programa 8S é que ele não contempla o investimento em máquinas e sistemas automáticos, tratando-se de uma metodologia de gestão de pessoas e materiais focado na capacidade intelectual e criativa dos colaboradores. O objetivo é investir em educação, treinamento e qualificação profissional. Os 8S são:
>
> 1. **Seiri** = organização → implica eliminar o supérfluo;
> 2. **Seiton** = arrumação → implica identificar e colocar tudo em ordem;
> 3. **Seiso** = limpeza → implica limpar sempre e não sujar;
> 4. **Seiketsu** = padronização → implica manter a arrumação, limpeza e ordem em tudo;
> 5. **Shitsuke** = disciplina → implica a autodisciplina para fazer tudo espontaneamente;
> 6. **Shido** = treinar → implica a busca constante de capacitação pessoal;
> 7. **Seison** = eliminar as perdas → implica a busca contínua pela mitigação das perdas;
> 8. **Shikari yaro** = realizar com determinação e união → implica o estímulo ao trabalho em equipe.
>
> *Fonte:* Adaptado de Abrantes (1998).

Implantação da TPM

De acordo com Nakajima (1989) e Suzuki (1994), a TPM normalmente é implantada em quatro fases: 1) preparação; 2) introdução; 3) implantação; 4) consolidação. Essas quatro fases estão associadas a 12 etapas, conforme demonstra o Quadro 2. A fase de preparação abrange a decisão da alta gerência em utilizar a TPM como fundamento de gestão, as ações de treinamento, a definição da estrutura organizacional da TPM, a especificação das metas a serem efetivadas e a criação do plano diretor; a fase de introdução envolve a inicialização da adoção da TPM; a fase de implantação corresponde à operacionalização dos oito pilares da TPM; e a fase de consolidação busca o aprimoramento da técnica no contexto organizacional.

A etapa inicial corresponde à decisão da alta administração em adotar as premissas da TPM. Essa decisão deve ser divulgada para todos os colaboradores, de forma a criar a conscientização da filosofia e criar um clima de colaboração na consecução das expectativas e metas a serem atingidas com o programa em questão. É importante realizar seminários e encontros que esclareçam as principais dúvidas e publiquem os resultados dessas reuniões em boletins internos da organização. A TPM deve ser operacionalizada na organização como um todo; caso a dimensão organizacional não permita tanta flexibilidade de adoção da TPM, é importante estabelecer áreas para uma implantação piloto que, posteriormente, será estendida para toda a organização.

Quadro 2. Fases e etapas da implementação da TPM

Fase	Etapa	Elementos básicos
Preparação	Decisão da alta administração (diretoria)	Comprometimento da alta administração
	Treinamento inicial	Cursos/palestras/teatro para todos os níveis hierárquicos
	Estrutura organizacional da TPM	Formação de comitês e pequenos grupos
	Estabelecer diretrizes	Objetivos/indicadores e metas
	Plano diretor	Planejamento para implantação
Introdução	Partida da TPM	Comunicação formal das diretrizes (convite a empresas afiliadas, fornecedores e clientes)
	Estruturação dos pilares para confiabilidade do sistema produtivo	Busca da máxima eficiência produtiva dos equipamentos já existentes

(Continua)

(Continuação)

Quadro 2. Fases e etapas da implementação da TPM

Fase	Etapa	Elementos básicos
Implantação	Melhoria específica	Eliminar as grandes perdas por meio de pequenos grupos multifuncionais
	Manutenção autônoma	Aumento da capacitação técnica do operador
	Manutenção planejada	Quebra/falha zero
		Restauração e confiabilidade
	Educação e treinamento	Elevar os níveis de conhecimento
		Mudanças culturais/reeducação
	Controle inicial	Minimização das ineficiências em novos produtos, processos e equipamentos
	Manutenção da qualidade	Eliminar defeitos em produtos/defeito zero
	TPM nos departamentos administrativos	Maximização da eficiência administrativa
		Informações confiáveis
	Segurança, higiene e meio ambiente	Zero acidentes/zero poluição
Consolidação	Aprimoramento	Corrigir desvios
		Novas metas

Fonte: Adaptado de Pinto e Xavier (2012).

A segunda etapa abrange as ações de treinamento nas práticas TPM. O treinamento adequado permite um melhor entendimento sobre a filosofia TPM, a criação de uma "linguagem comum" entre os colaboradores e o desenvolvimento do programa. Todos os setores organizacionais, como produção, pesquisa e desenvolvimento, qualidade, compras, projetos, vendas financeiro e contabilidade, Recursos Humanos e a própria manutenção, devem ser engajados na filosofia, e o treinamento permite mais conscientização sobre a importância de utilizar a TPM como instrumento de gestão.

A terceira etapa corresponde à determinação da estrutura organizacional da TPM. O objetivo dessa etapa é criar uma estrutura matricial para promover a TPM que junte a estrutura horizontal formada por comissões e equipes de projetos com a estrutura formal, hierárquica e vertical. É importante, também, a criação de grupos multifuncionais que fiscalizem a implantação e a efetividade das técnicas da TPM.

A quarta etapa envolve determinar as diretrizes fundamentais a serem seguidas na implantação da TPM, que deve ser gerenciada visando o médio e longo prazo, fazendo parte das metas e objetivos anuais da organização. Previsões são necessárias para alcançar um nível de excelência efetivo na condução da TPM, e comparações entre índices e padrões já utilizados e entre a situação atual e a situação projetada podem facilitar a execução da TPM e permitir melhor gestão e direcionamento dos recursos.

A quinta etapa é a formalização do plano diretor da filosofia TPM. Esse plano deve agregar desde os preparativos iniciais para a condução da TPM até a avaliação dos eventuais resultados. Inicialmente, deve-se elaborar um cronograma contendo as 12 etapas previstas no programa de desenvolvimento da TPM, especialmente o proposto nos seus pilares básicos, e indicando claramente o que deve ser feito e até quando. Com base no plano diretor, cada setor irá estabelecer seu próprio cronograma. Os cronogramas devem estar atentos ao período de tempo exigido para se obter resultados. O plano diretor será um manual para o desenvolvimento dos pilares básicos da TPM, de modo que todos os envolvidos possam estar cientes das vantagens dessa filosofia. É importante, também, sempre realizar avaliações sobre o progresso do programa.

A sexta etapa compreende o ponto de partida da TPM. Nessa etapa, terá início o desafio de "zerar" as seis grandes perdas das máquinas e equipamentos, de forma que cada colaborador compreenda as diretrizes estabelecidas pela alta gerência, conseguindo, assim, elevar a motivação moral de todos para participar da efetivação do programa. A etapa sete envolve a estruturação dos pilares da TPM com o objetivo de garantir a confiabilidade do sistema produtivo. Nessa etapa, são estruturados todos os aspectos de melhorias específicas, as ações de manutenção autônoma e planejada, bem como as atividades de educação e treinamento nas técnicas da TPM.

A etapa oito corresponde ao controle inicial. É nessa fase que os levantamentos das inconveniências, imperfeições e a incorporação de melhorias são efetivadas, mesmo nas máquinas novas, nas quais os conhecimentos adquiridos possibilitam o desenvolvimento de projetos em que estejam presentes os conceitos de prevenção da manutenção, destinada à conquista de resultados de máquinas com quebra zero/falha zero.

A etapa nove foca na manutenção da qualidade. O objetivo, aqui, é identificar as falhas frequentes e ocultas que afetam a qualidade do produto. Além disso, é importante estabelecer um plano de qualidade que mitigue o impacto das falhas nos itens e no sistema produtivo como um todo.

A etapa dez indica a efetivação da TPM "administrativo", ou seja, agrega toda a revisão das rotinas administrativas para eliminação de perdas, buscando a melhoria contínua do processo.

A etapa onze agrega as ações de segurança, higiene e meio ambiente no âmbito da TPM. Envolve as atividades de recuperação, a prevenção de riscos à saúde do trabalhador e a prevenção de riscos ao meio ambiente. Busca otimizar as atividades que forneçam um ambiente de trabalho adequado para os colaboradores, e isso implica em redução de falhas.

Por fim, a etapa doze consiste na aplicação total da TPM e na busca pelo aprimoramento contínuo. Visa a obtenção de resultados que indiquem o alcance e a manutenção da excelência em TPM, além da busca e candidatura a prêmios relacionados a essa excelência.

Manutenção Produtiva Total para além dos sistemas produtivos

O termo manutenção preventiva não era suficiente para representar uma visão mais abrangente, incluindo as preocupações com a qualidade e o grande envolvimento dos operadores, de modo que, assim, surgiu o termo manutenção produtiva. Em função da abrangência ampliada, as equipes de manutenção passaram a trabalhar ativamente com as equipes de produção, projeto, engenharia, etc., consolidando-se, então, o termo Manutenção Produtiva Total (FOGLIATO; RIBEIRO, 2009).

Aplicar a TPM com eficácia e eficiência vai além das simples intervenções em equipamentos, máquinas e ferramentas. É indispensável manter os meios de produção disponíveis para a operação, garantindo a confiabilidade e diminuindo a possibilidade de interrupções no processo. Esse cenário é viabilizado por três aspectos diretamente relacionados:

- **Produção:** os operadores passam a ser corresponsáveis pelas intervenções simples de manutenção, o que envolve inspeções, ajustes, limpeza, troca de componentes, entre outros;

- **Manutenção:** é relevante estimular o treinamento dos colaboradores de nível operacional nas atividades de manutenção, e esse treinamento é viabilizado pelos especialistas e técnicos;
- **Engenharia:** atua na gestão, planejamento e controle das ações da TPM; deve ser constantemente retroalimentada com informações não só da manutenção, mas dos demais setores, o que implica em uma atuação de cunho preventivo.

Ou seja, a TPM não deve ser operacionalizada apenas no ambiente da manutenção, mas deve agregar todos os outros setores do chão de fábrica, bem como os setores organizacionais. Dessa forma, haverá um alinhamento efetivo das práticas organizacionais buscando a melhoria contínua do sistema produtivo, a redução de perdas e falhas, a otimização dos processos e da qualidade e a minimização dos custos operacionais.

Além dessa interdisciplinaridade associada à implantação da TPM, é importante considerar os principais benefícios relacionado à filosofia. Suzuki (1994) relata que os benefícios conquistados com a TPM podem ser divididos em duas categorias: benefícios tangíveis, que podem ser mensurados, e benefícios intangíveis, com os quais não podemos medir o real impacto no sistema produtivo. O Quadro 3 apresenta alguns exemplos dessas duas categorias de benefícios da TPM.

Quadro 3. Benefícios tangíveis e intangíveis da TPM

Benefícios tangíveis	Benefícios intangíveis
Aumento da produtividade líquida	Autogestão dos funcionários, com a qual os operadores cuidam dos seus próprios equipamentos sem direcionamentos
Diminuição de paradas repentinas	Estabelecimento da autoconfiança e da atitude nos colaboradores para redução das paradas e defeitos
Aumento global da eficiência da planta	Local de trabalho limpo, organizado e alegre
Redução nos defeitos de processos	Impressão de uma companhia altamente organizada nas pessoas que visitam uma planta com TPM

(*Continua*)

(Continuação)

Quadro 3. Benefícios tangíveis e intangíveis da TPM

Benefícios tangíveis	Benefícios intangíveis
Redução das reclamações de clientes	Tendências de aumento no número de pedidos
Redução dos custos de produção	
Produtos em processo equilibrados	
Aumento das sugestões de melhorias por parte dos funcionários	

Fonte: Adaptado de Suzuki (1994).

A partir disso, é importante entender a TPM como uma ferramenta de gestão multidisciplinar, que agrega à organização como um todo e delega responsabilidades a todos os envolvidos pela produtividade e pela efetividade do sistema produtivo.

Saiba mais

As consequências da TPM na melhoria dos Recursos Humanos
Na forma como é proposta, a TPM oferece plenas condições para o desenvolvimento das pessoas que atuam em organizações preocupadas com o planejamento e com a gestão da manutenção. A filosofia TPM agrega as seguintes vantagens para os colaboradores:
- realização (autoconfiança);
- aumento da atenção no trabalho;
- aumento da satisfação pelo trabalho em si (enriquecimento de cargo);
- melhoria do espírito de equipe;
- melhoria nas habilidades de comunicação entre as pessoas;
- aquisição de novas habilidades;
- crescimento por meio da participação;
- maior senso de posse das máquinas;
- diminuição da rotatividade de pessoal;
- satisfação pelo reconhecimento.

Exercícios

1. A busca pela melhor taxa de utilização dos equipamentos, a incidência das intervenções com base no custo do ciclo de vida, a participação dos demais setores organizacionais nas intervenções de manutenção e o envolvimento dos colaboradores na manutenção, visando uma maior eficiência do sistema produtivo como um todo, são algumas das características da:
   a) disponibilidade.
   b) mantenabilidade.
   c) produtividade.
   d) Análise do Modo e Efeito de Falhas.
   e) Manutenção Produtiva Total.

2. A Manutenção Produtiva Total é um sistema que foi desenvolvido no Japão a fim de eliminar perdas, reduzir paradas, garantir a produtividade e a qualidade e diminuir custos nas empresas. São considerados pontos-chave para a implantação da TPM:
   a) 8S e manutenção autônoma.
   b) FMEA e manutenção autônoma.
   c) 8S e polivalência.
   d) FMEA e FMECA.
   e) TQM e polivalência.

3. A Manutenção Produtiva Total objetiva a eficácia da empresa por meio de uma maior qualificação das pessoas e de melhorias no maquinário, visando aumentar o rendimento operacional. Nessa filosofia, observam-se perdas por inúmeros motivos distintos e suas implicações em relação ao tempo total de produção. Em relação a esse contexto, assinale a alternativa correta.
   a) As perdas por quebra podem ocorrer por falha do equipamento.
   b) As perdas por mudança de linha incluem alterações nas máquinas, regulagens e ajustes necessários.
   c) As perdas por operação em vazio se caracterizam pela degeneração gradativa.
   d) As perdas por queda de velocidade de produção consistem em desgaste localizado.
   e) As perdas por queda no rendimento são causadas por problemas operacionais.

4. Na busca por maior eficiência da manutenção produtiva, surgiu o programa TPM. Com relação a esse programa, analise as seguintes afirmações.
   I. O programa envolve toda a empresa, habilitando-a para encontrar metas, como defeito zero, falhas zero, aumento da disponibilidade de equipamento e produtividade.
   II. Um dos objetivos da TPM é a melhoria da estrutura da empresa em termos de recursos materiais e humanos.
   III. É constituído por quatro pilares, que são a base de construção da TPM: eficiência, eficácia, planejamento e ciclo de vida dos equipamentos.

Assinale a alternativa que contém as afirmações corretas:
a) I e III.
b) II e III.
c) I.
d) I e II.
e) II.

5. O objetivo global da Manutenção Produtiva Total é a melhoria da organização tanto em relação a aspectos materiais, como máquinas e equipamentos, quanto a aspectos humanos, visando, assim, melhorar o rendimento operacional. Uma medida efetiva para a efetivação desse programa é
a) assegurar que a manutenção dos equipamentos seja realizada por equipes específicas, isto é, impedir que os operadores façam manutenções voluntárias.
b) treinar os operadores das máquinas para supervisionarem e atuarem como mantenedores em primeiro nível.
c) desestimular modificações nos projetos originais das máquinas em operação, mesmo que para melhoria do rendimento.
d) treinar cada mantenedor para atuar em partes específicas dos equipamentos.
e) projetar as máquinas, idealmente, para receberem manutenção em intervalos curtos e regulares de tempo.

Referências

BANKER, S. The performance advantage: revitalizing the workplace. *APICS*, p. 54-58, ago.1995.

DAVIS, R. *Productivity improvements through* TPM: the philosophy and application of Total Productive Maintenance. Hertfordshire: Prentice Hall, 1995.

FOGLIATTO, F. S.; RIBEIRO, J. L. D. *Confiabilidade e manutenção industrial*. Rio de Janeiro: Elsevier, 2009.

GEREMIA, C.F. *Desenvolvimento de programa de gestão voltado à manutenção das máquinas e equipamentos e ao melhoramento dos processos de manufatura fundamentado nos princípios básicos do TPM*. 2001. 211 f. Dissertação (Mestrado Profissionalizante em Engenharia)- Universidade Federal do Rio Grande do Sul, Porto Alegre, 2001. Disponível em: <http://www.lume.ufrgs.br/handle/10183/2845>. Acesso em: 07 jul. 2018.

JOSTES, R. S.; HELMS, M. M. Total Productive Maintenance and Its Link to Total Quality Management. *Work Study*, v. 43, n. 7, p.18-20, 1994.

NAKAJIMA, S. *Introduction to TPM*. Cambridge: Productivity Press, 1988.

NAKAJIMA, S. *Introdução ao TPM:* Total productive maintenance. São Paulo: IMC, 1989.

PINTO, A. K.; XAVIER, J. A. N. *Manutenção:* função estratégica. 4. ed. Rio de Janeiro: Qualitymark, 2012.

SHINOTSUKA, S. TPM Encyclopedia. Cali: JIPM, 2001.

SUZUKI, T. *TPM in process industries*. Portland: Productivity Press, 1994.

TAVARES, L. A. *Excelência na manutenção;* estratégias, otimização e gerenciamento. Salvador: Casa da Qualidade, 1996.

Leitura recomendada

ABRANTES, J. Como o programa dos oito sensos (8S) pode ajudar na educação e qualificação profissional, reduzindo custos, aumentando a produtividade e combatendo o desemprego. In: ENCONTRO NACIONAL DE ENGENHARIA DE PRODUÇÃO. 1998. *Artigos...* Rio de Janeiro: ABEPRO, 1998. Disponível em: <http://www.abepro.org.br/biblioteca/ENEGEP1998_ART106.pdf>. Acesso em: 07 jul. 2018.

Gabaritos

Para ver as respostas de todos os exercícios deste livro, acesse o link abaixo ou utilize o código QR ao lado.

https://goo.gl/2eLYPQ